四川大学哲学社会科学出版基金资助

感谢四川大学"中国语言文学与中华文化全球传播"双一流学科群
与教育部人文社科重点基地四川大学中国俗文化研究所支持

中国符号学丛书　　◎　　丛书主编　陆正兰　胡易容

符号与传媒
Semiotics & Media

从饥饿到浪费，人类饮食构成了一段复杂的光谱。在这个光谱中，人类的生物性和文化性如何共存？又发生着哪些冲突？从而展演出何种意义？

# 饮食的文化符号学

## A Cultural Semiotics of Food

石访访　著

四川大学出版社

项目策划：徐　燕
责任编辑：宋　颖
责任校对：陈　蓉
封面设计：米迦设计
责任印制：王　炜

**图书在版编目（CIP）数据**

饮食的文化符号学 / 石访访著 . — 成都 ：四川大
学出版社 ， 2019.11
　　（中国符号学丛书）
　　ISBN 978-7-5690-3246-8

　　Ⅰ . ①饮… Ⅱ . ①石… Ⅲ . ①饮食－文化研究 Ⅳ .
① TS971.2

中国版本图书馆 CIP 数据核字（2019）第 280570 号

书名　饮食的文化符号学
　　　YINSHI DE WENHUA FUHAOXUE

| | | |
|---|---|---|
| 著　　者 | 石访访 |
| 出　　版 | 四川大学出版社 |
| 地　　址 | 成都市一环路南一段 24 号（610065） |
| 发　　行 | 四川大学出版社 |
| 书　　号 | ISBN 978-7-5690-3246-8 |
| 印前制作 | 四川胜翔数码印务设计有限公司 |
| 印　　刷 | 郫县犀浦印刷厂 |
| 成品尺寸 | 170mm×240mm |
| 插　　页 | 1 |
| 印　　张 | 10.5 |
| 字　　数 | 203 千字 |
| 版　　次 | 2020 年 6 月第 1 版 |
| 印　　次 | 2020 年 6 月第 1 次印刷 |
| 定　　价 | 50.00 元 |

四川大学出版社
微信公众号

# 目　录

# 绪 论

## 一、问题的提出及研究意义

人类饮食，是一项基本的生理活动，更是一项重要的文化活动。身体对于进食的需求与渴望，是人类作为生物生存最强烈的证明，而从整体角度而言，人类饮食中交织着的地域、情感、回忆和想象，以及身份认同和符号消费，又都显示出这项基础活动所承载的丰厚的文化意义。从饥饿到浪费，人类饮食构成一个复杂的光谱。在这个光谱中，人类的生物性和文化性如何共存？又发生着哪些冲突？从而展演出何种意义？这些都成为饮食文化研究的重要议题。

食物始终是重要的社会资源，从原始社会"散尽一切"的夸富宴到中西方文化中广泛存在的奢侈性、炫耀性和竞争性宴饮，对饮食的控制和享用方式指示着食者的财富、权力和地位。饮食成为一种个体和社会互相合作而展开的意义表述，"吃什么"和"怎么吃"，与食者的身份和社会关系模式直接相关。不仅如此，从食物匮乏的角度而言，饥饿往往被视为一种生理感觉，同时也是文化性的。人类发展演进的历史实际上就是一部为吃饭而斗争的历史，饥饿感驱动人类的觅食行为，对食物的渴望是支撑人类进行多数事业活动的基础与动力。然而悖论之处是，经过漫长的演化，高度智力化的人类在创造无数璀璨文明的过程中，却始终无法在最基础的生存斗争中取得决定性的胜利，在人类的发展史上，饥饿一直如影随形。由联合国粮食及农业组织、世界粮食计划署和世界卫生组织等联合发表的《2018年世界粮食安全和营养状况》指出，全球饥饿人数在过去三年持续上涨，已重回十年前的水平。2017年，食物不足人口约为8.21亿人，世界上大约每9个人中就有1个处于饥饿境况。①

饥饿被定义为一种因机体内缺乏食物或营养而引起的不平衡状态。问题的

---

① 《全球饥饿人数持续上升》，http://share.iclient.ifeng.com/shareNews?aid=78056346&fromType=vampire. 检索时间：2019年1月20日。

关键是，这种不平衡的生理状态，究竟是如同死亡一样身体无法避免的自然事实，还是一项由人类自己制造的社会问题？就饥饿感而言，它是身体的长期进化和短期自律过程共同作用的结果，并以此催生了个体一日三餐的节奏性饮食。但实际上，并不是所有人都保持着这种节奏性的进食方式，因此，从全人类的角度而言，长期困囿人类的饥馑就不再是身体为求生而发出的本能信号，而是一项包含了生物、经济、政治和文化等一系列复杂因素的社会议题。导致饥饿境况恶化的原因，不是由于粮食生产的不足，而是因为世界上粮食的产量足够养活每一个人。波茨坦研究所 2016 年进行的一项研究表明，2010 年生产的粮食总量甚至比世界人口所需粮食总量还要多出 20%，到 2050 年，这种盈余预计将进一步大幅增加。即使在大量人口营养不良的国家和地区，也储备有足够的粮食。① 换言之，全球人类的饥饿和饮食供给问题，不是一种因生产不足而导致的生理现象，而是由不合理的分配导致的社会问题。

饥饿如同战争一样，都是人为的。多数情况下，饥饿以及作为隐形饥饿的营养不良和经济贫困构成了恶性循环。勉强糊口的粗茶淡饭是满足人类生理饥饿的"物"，造成饥饿这种饮食境况的原因却是社会性的。社会发展过程中累积的丰富物质财富本可以解决人的温饱问题，但实际情况并非如此，充裕的物质在社会结构的作用下流动，指向了人类饮食的另一个极端——浪费。

在人类的发展史上，饮食精细化的过程，即从茹毛饮血的饥不择食、粗茶淡饭的勉强糊口，到不断精加工和精烹调的人文饮食、纯粹炫耀性的奢侈宴饮，实际上都可以视为社会文明发展水平的可感标识。在这个过程中，饮食的符号性不断增强，成为人类饮食活动除"生－熟"之外的最大特征。但从另一个角度看，饮食精细化的过程也是一个必然包含着"浪费"的过程，从纯粹果腹的"物"到精细加工的佳肴，取用食材的哪些部分或剔除哪些部分，以及具体的烹饪实践，都取决于食者的饮食习惯、社会阶级和文化传统。穷人烹调的原则是尽可能保留食材的可食用部分，而富裕阶级则是尽可能精简食材，只保留对他们而言的"必要"部分，而判断食材"必要与否"的标准完全取决于食者的阶级地位和文化系统。在世界饮食的大范围内，鉴赏美食和忍饥挨饿往往在同一个社会中并存，一方面是渊远而丰富的饮食文化，另一方面是部分人群依然食难果腹的现实。只要社会的等级结构和分层秩序依然存在，个体区别于他者的欲望就不会消失，而饮食的差异性也将始终存在。

① 《利用物联网对抗全球饥荒》，http://www.ciotimes.com/iot/165236.html. 检索时间：2019 年 1 月 20 日。

　　饮食在"物"与"符号"之间滑动，既是满足生理需求的物，也是承载文化意义的符号，这是独属于人类饮食的特性，而其中所涉及的生物本能、社会秩序和文化系统，又共同决定了人类的饮食和烹调只有处于两个极端间的恰当位置，才是合理的。随着社会生产力水平的不断提高，人类的饮食活动历经不稳定的采集狩猎，相对稳定的农业、畜牧业供给，以及工业化、后工业化社会的高效生产，而饮食"物"与"符号"间的双重特性始终未变，在不同文化间的差异性和共同的伦理性也始终未变。然而，随着社会发展而不断精细化的饮食文本，显然包含着更加复杂的组合和选择操作，食具、就餐环境和餐桌礼仪等伴随因素相应地与时俱进，饮食符号编码与解码的规则也发生改变。作为一种符号表述的饮食文本，其意义呈现出当代性特征：精细化饮食从昔日特权阶级的专属之物逐渐演变为大众化休闲、消费和享乐的普遍形式，这种改变得益于科技的进步及其带来的物质丰裕，也折射出社会文化符号系统的变迁。

　　现代饮食具有高度文明化的特征和突出的时代内涵，但始终并存的饥饿和浪费现象也让人类饮食时刻面临着道德的考验。与食物的关系，可以说是人类生存于世的第一关系。然而，与饮食的现实重要性相悖，关于饮食的学理研究仍相对不足。强烈的生物性与物质性特征，使饮食活动为偏重精神与意义的学术研究所忽视，并以此形成悖论循环：因饮食的日常性而忽视对其进行学理研究，而研究的缺乏又致使饮食"被停留"于日常层面，其承载的文化品质被惯性忽略。但是，正如恩格斯《在马克思墓前的讲话》中所论，正像达尔文发现有机界的发展规律一样，马克思发现了人类历史的发展规律，即历来为繁茂芜杂的意识形态所掩盖的一个简单事实——人们首先必须吃、喝、穿、住，然后才能从事政治、科学、艺术、宗教等。① 生物性进食需求的满足是个体维持与延续生命的方式，人类饮食的生物性特征不应成为学术研究忽视其意义特征的缘由，饮食独有的文化品质需要被正视与发掘。

　　人类的饮食具有恒常性、普遍性、重复性，以及在某些"非常态"情景下的特殊性。在个体即时短暂而又不断重复的饮食活动中，传统惯习的传承与变革创新同时发挥作用，生理性的进食欲望和社会性的意义追求同时展现，感官、记忆、情感和想象打破了地域的界限，人类日常生活的饮食由此呈现出一种整体性特征。

　　现代社会高速运转的生产生活，以及无处不在的对效率和便捷的追求，加之饮食固有的与现实生存的直接关联，让人们惯性地将饮食行为视作给机体补

---

　　① 马克思，恩格斯：《马克思恩格斯全集·第4卷》，北京：人民出版社，1995年，第532页。

充能量的常规化活动，从而忽略其所承载的文化内涵和意义维度，认定无须对其投入更多的时间和精力。面对这种将饮食"去意义化"的思维惯性，如何暂时地让人们从日常生活的吃喝行为中解脱出来，在保持一定距离的情况下，重新思考人类饮食所拥有的时代特征和人文内涵，对于饮食研究而言是重要且必需的。文学文本中的饮食叙述提供了这样一个机会，当饮食被置于文化默认为"必然有所寓意"的文学叙述中时，其既与实在世界相通达，又经过艺术的加工变形。人类饮食作为一种即时而短暂的身体性活动，成为恒久而艺术的文学叙述重点，这不仅印证了文学作为"人学"的属性，也给人们提供了一个新的方向，去发现那些在现实中被忽略的饮食和食物的意义。

与这种意义思考相对应，本书选择符号学作为研究方法，并结合中国当代文学饮食叙述的文本分析实践，将人类的饮食活动视作一个完整而特殊的符号系统进行整体性研究。之所以选择中国当代文学为文本范围，一方面是由于中国文学"文以载道"的传统，饮食被长久地隔离在主流文学叙述之外，当代文学中的饮食叙述更加集中而系统；另一方面，也是基于饮食、文学之于时代的相关性考虑，当代文学的饮食叙述与当代社会的历史进程密切相关，饮食在"物"与"符号"之间来回滑动，折射的是社会性符号系统的动荡，更是社会发展的曲折进程和文化元语言的变迁。

"文化是一个社会所有符号活动的集合"①，饮食活动不仅是人类文化活动的重要组成部分，而且也是人类生存于世的关键活动。对于人类而言，无论是作为生物，还是作为文明社会的个体，食物及饮食都与之有着根本性的关联。极度的饥饿和极度的浪费，在人类的饮食活动中共存，围绕着饮食的欲望驱动着人类的行为选择。通过积极、规律、持续不断的工作获取属于自己的一份食物，是一种普遍的社会追求。在这个意义上，食物可以成为指向一切人生追求的符号。人是觅食的生物，也是寻求意义的主体，身体对食物的欲望与意识对意义的渴求，如何在人类身上交织重叠，是本书的研究所在。

## 二、中外饮食研究现状

对于饮食的研究，整体上可以分为两大类：实践整理与学理研究。实践整理包括对饮食活动的实践技能指导、现象问题科普、评述与品悟等，其以强烈的实效性特点，呈现出饮食与人类日常生活的密切关联。理论研究则是透过饮食表象，将其与文化、历史、经济、政治与权力甚至科学联系在一起，作探索

---

① 赵毅衡：《哲学符号学：意义世界的形成》，成都：四川大学出版社，2017 年，第 285 页。

性研究，力图发掘日常饮食的深度与广度。

（一）中国人对饮食意义的见解

中国是一个饮食大国，已发现的考古资料与文献记载证明，食物的获取、分配、烹制、就餐及礼仪的高度文明与多样化，甚至在国家权力的符号化表述中占据重要位置。《礼记·礼运》中"夫礼之初，始诸饮食"的经典之论，言物虽质劣，犹有敬鬼神之心。由此可知，礼之起，起于祀神，始于饮食。中国传统的学术史对饮食的关注亦渊源久远，其在漫长的民族生活史中依附于礼学、本草学、农学、医学、养生学而存在，医食同源构成中国饮食研究的传统特色与历史特征。而初刊于 1792 年的《随园食单》可以视为中国饮食研究从依附走向独立的转折点。中国饮食研究的已有文献亦可分为现实演绎与理论探索两部分，现实演绎如《中国菜谱》《川菜烹饪事典》《钟鸣鼎食系列》是对烹饪与饮食的实践技能指导与现象问题科普，陈梦因《食经》是关于饮食的评述与感悟。就理论探索而言，中国的饮食研究可分为三类：古代饮食研究、现代溯古饮食研究、现代饮食研究。

1. 传统文献中的饮食记述

饮食活动在中国古人的社会生活中占据重要的位置。作为儒家礼学核心著作的《仪礼》《周礼》《礼记》对饮食活动的记述，显示出中国古代饮食活动很早就具有高度的文化属性：《礼记·内侧》中记述包括"八珍"在内的饮食名物；《礼记·曲礼》中对君臣、长幼、男女之间的饮食礼仪规范作具体的说明。《仪礼》则是无处不谈饮食。而《周礼·天官》更是直接罗列出包括膳夫（食官之首）、庖人（宰杀牲畜）、内饔（割烹煎和）、外饔（祭祀接待）、烹人（烹制食品）、食医（饮食安全）、酒正（掌管酒政）、笾人（竹木器具）等 20 种共计 2294 人的周代食官制度，在显示中国古代饮食活动规范与仪礼的同时，对后世历代封建王朝的太官制度产生影响。《三礼》作为儒家经典，不仅对先秦时代上层社会的饮食名物制度做了系统阐述，更详细记载了吉、凶、军、宾、嘉五个方面的饮食礼仪[①]，列举出影响后世的王室食官制度，饮食活动与儒家礼学伦理相结合对中国古代的饮食文化产生影响。

相较于儒家"不下庶人"的饮食仪礼，道家"甘其食""味无味"的饮食观念对古代民众的影响更为深广。《老子·第十二章》中"五味令人口爽……是以圣人，为腹不为目，故去彼取此"，在"为目"与"为腹"的对立中阐述

---

① 季鸿崑：《〈三礼〉与中国饮食文化》，《中国烹饪研究》，1996 年第 3 期，第 17～31 页。

其朴素的饮食观；而《老子·第六十三章》中"为无为，事无事，味无味"，指出道家"无为"的核心思想与"味无味"的饮食理念。而起源于汉魏、盛于两晋的道教，借老子之名言道养寿，将清虚无为转为修仙飞升，并对道家的饮食观念进行了重塑。其服食草药、烹炼金丹、辟绝五谷、饮食疗疾的习俗对后世的本草学、医学、养生膳食产生了重要影响。长沙马王堆汉墓发现的《却谷食气》，是我国现存最早的辟谷文献。晋代葛洪编撰《玉函方》100卷；南朝陶弘景著述《本草集注》；隋唐孙思邈所著《千金方》中更是特列"食治"一门，介绍果、蔬、谷等食物疗疾的作用，医食同源成为中国古代饮食的鲜明特征。

古代的饮食研究与本草学、养生学不可分割。唐代孟诜《食疗本草译注》（张鼎增补）记载260多种常见食物的药性功效、主治疾病、食用禁忌以及食疗方剂，是一部兼具饮食与医药价值的营养学著作；南宋林洪《山家清供》则是素食食谱佳作，呈现出中国饮食的风雅之向；元代忽思慧《饮膳正要》集中关注元蒙食物的特色，尤为注重饮食与养生之道的联系，论述食物禁忌与饮食卫生等。明代鲍山《野菜博录》则是一部关注可食用野菜的植物图谱；清代曾懿《中馈录》集中探讨清代的食物加工方法；而《随园食单》《白门食谱》《冶城蔬谱》《续冶城蔬谱》则是南京历史上传世的四部著名食谱，以系列化的面貌呈现出中国特定区域饮食文化的源流和饮食习俗的变迁。

由于儒家文化在中国传统文化中长期占据的中心地位及其封建"修身"的思想内核，除了与"礼"结合的饮食，其他几乎都被"官方文化"搁置，"饮食之人，则人贱之矣"，"君子远庖厨，凡有血气之类，弗身贱也"。正因如此，一方面中国传统饮食形成了现象与学理的悖论，即饮食及其文化不断发展丰厚，饮食文化研究却相对落后、零散；另一方面，这也导致中国古代的饮食研究依附于本草学、农学、医学等，医食同源、以食疗疾成为中国古代饮食文化的根本特点。自李时珍总结神农尝百草的功绩，"太谷民无粒食，茹毛饮血。神农氏出，始尝草别谷，以教民耕艺；又尝草别药，以救民疾夭。轩辕氏出，教以烹饪，制为方剂，而后民始遂得养生之道"，中国古代的饮食研究便与本草学、医学在这种彼此联系中向前发展，并最终走向系统与独立。

2. 现代中国的饮食研究

（1）饮食文化史的"考述"式分析。

中国饮食源远流长，考述梳理中国饮食发展与变迁的历史成为现代中国饮食研究的重要部分，在对古代饮食的分析与研究中，中国饮食的多样性与丰厚的文化底蕴得以呈现。赵荣光主编的"中国饮食文化专题史"包括：《中国食料史》（俞为洁）、《中国饮食典籍史》（姚伟钧、刘朴兵、鞠明库）、《中国饮食娱乐史》（瞿明安、秦莹）、《中国饮食器具发展史》（张景明、王雁卿），对中国古代的食物、饮食典籍、饮食娱乐、饮食器具做详尽的历时性梳理。而于2013 年出版，依旧由赵荣光所著的《中国饮食文化史》（地域卷）则以地域为划分标准作饮食区域的历时研究，包括西北地区卷、东北地区卷、中北地区卷、东南地区卷、西南地区卷、黄河下游地区卷、黄河中游地区卷、长江下游地区卷、长江中游地区卷。在对技术层面的饮食作梳理的同时，以"医食同源""天人合一""尚和""反哺""五谷为养，五菜为助，五畜为益，五果为充"作为贯穿全书的人文思想主线，将区域饮食置于历史的背景中进行考察，将影响饮食的自然生态环境与文化生态环境结合，以便更全面地探究中国饮食文化的生成与发展。而由赵荣光所著《中国古代庶民饮食生活》则关注庶民的文化结构、食物结构、传统饮食与制作方式、饮食器具、饮食习俗，甚至灾变之际的庶民饮食生活，对于中国古代庶民的饮食生活做系统而严谨的梳理，折射出中国古代庶民的生活境况与生存智慧。其另一作《满汉全席源流考述》则论述中国历史上特殊的"满席－汉席""满汉席""满汉全席"三种不同历史形态和阶段的饮食与文化形态，反映出三百年间满族文化的发展与变化。

王学泰主编的《中国饮食文化史》将饮食文化视为饮食与人、人群的关系及其所产生的意义，分析探究侧重于中国饮食的文化内涵，特别是中国古代"事死如事生"的特殊饮食文化现象；而其另一作《华夏饮食文化》则从物质、精神两方面对中国饮食文化作探究，在介绍各时代的食物、食品加工、烹调、饮食器具、饮食习俗的同时论述不同阶层人群的饮食生活及其差异性。

王仁湘的《饮食与中国文化》认为"吃"乃是中国世俗文化的一个根本特征，从考古学的角度对包括饮食器具、烹饪方式、饮食掌故等在内的中国饮食文化的发展流变作梳理与研究。邱庞同的《中国菜肴史》《中国面点史》是对中国古代自先秦至清代饮食菜肴与面点的系统性现象梳理。其《饮食杂俎：中国饮食烹饪研究》则是关于中国饮食史与烹饪史研究的论文集，内容涉及饮食与烹饪的诸多方面。伊永文的《1368—1840 中国饮食生活：日常生活的饮食》《1368—1840 中国饮食生活：成熟佳肴的文明》将明清两代 543 年的历史组成一个长时段的"空间"，一册从日常生活的角度全面系统地探讨明清饮食和生活的成就与发明，二册则专门论述明清饮食文化与生活方式，呈现出从生活史的角度研究饮食的细节性与系统性。

陈宗懋的《中国茶经》阐述中国各个历史时期的茶叶生产技术和茶叶文化的发生与发展过程，对诸种茶叶的属性、栽培方式、加工流程、饮用礼仪与文化作剖析；王赛时的《中国酒史》则是中国第一部专业研究酒的史学著作，从历史发展的规律来解读中国酒的起因与演变过程，考察与论述中国的酒产品与酒生活。

此外，亦有许嘉璐《中国古代衣食住行》对古代包括饮食在内的日常生活进行考察研究；郑麒来《中国古代的食人》对食人这种特殊的饮食现象在古代中国的存在作专门性考察；吴昊《先秦时期黄河下游地区饮食文化研究——以食料与食物加工为例》对特定时间与空间范围内的饮食文化进行研究；而《唐宋饮食文化比较研究——以中原地区为考察中心》（刘朴兵，博士论文）则以中原地区为范围对唐宋两个时期的饮食文化进行比较研究；此外，亦有《中国古代饮食礼仪制度的文化气质》（马健鹰）、《先秦饮食礼仪文化初探》（万建中）、《论我国传统饮食礼仪的当代价值》（王伟凯）、《〈周礼〉饮食制度研究》（王雪萍）等立足现代对中国古代饮食的回溯性研究。

（2）现代饮食的社会性研究。

中国现代的饮食研究在溯古以传承的同时，呈现出多样化形态与开阔性视野，现代饮食境况与现代社会之间存在结构性对应关联，其中涉及地域性饮食、身份认同、饮食与旅游、性别、饮食象征以及中西饮食比较等诸多层面。

第一，地域饮食与身份认同研究。

张展鸿在《客家菜馆与社会变迁》《饮食人类学》中以客家饮食文化为对象进行饮食民族志研究，同时关注全球化现象对地方传统饮食生活的冲击与改变，以此透视地域性的社会生活方式及其变迁。地域性饮食具有一种文化的自我解释与族群认同作用。谭少薇在《港式饮茶与香港人的身份认同》中指出港式饮茶同样具有香港人身份认同的作用，在作为香港人日常生活一部分的同时，饮茶是香港人进行身份建构与身份认同的方式；吴燕和的《港式茶餐厅——从全球化的香港饮食文化谈起》认为香港茶餐厅在全球化进程下具有代表香港大众文化传统的深层意蕴，是香港人对地域文化认同的重要标志。庄孔韶的《北京"新疆街"食品文化的时空过程》对北京"新疆街"这一特定时空背景下的饮食进行族群、商业、信仰、政治的多维度阐述，食品在作为族群身份认同符号的同时与政治发生联系。张新民的《潮菜天下：潮州菜系的文化与历史》则聚焦潮州的饮食，对其作历史梳理与文化探究的结合考察，呈现出潮州饮食的地域性特色。

第二，食物流传与贸易研究。

中国现代饮食研究中关注食物流传与贸易的研究大致可分为两类。一类是传统的关注食物贸易往来以及异域食物的传入，闵宗殿的《海上丝绸之路和海外农作物的传入》关注海外农作物的传入，以及其如何成为"胡名作物"并被归属为某一特殊"人物"的成就；林更生的《古代从海路引进福建的植物》关注福建地域内由异域传入的植物及其被冠以的名称；叶国庆的《外洋传入闽的物产》指出至今中国人日常生活中包括番薯、茉莉、石榴、芦荟、莴苣等多数常见的食物实则为舶来品。异域饮食的传入在经历水土环境适应过程的同时，更经历着文化融入的历程。

饮食贸易的另一类研究明显受西方饮食研究中"政治经济取向"的影响，关注某一特定食物的贸易流通及其背后的经济与权力的运作。黄国信的《区与界：清代湘粤赣界邻地区食盐专卖研究》关注湘粤赣相邻区域的食盐贩卖情况，并证明表面清晰的界限与明确的制度规范在实际运作中模糊而灵活，围绕着利益关系的合作与冲突在边界区域不断呈现并以此界定区域制度；舒瑜的《微"盐"大义：云南诺邓盐业的历史人类学考察》则是对云南大理州云龙县诺邓盐业的历史考察，呈现出一个区域的盐业中等级象征符号的构建及其文化内蕴；肖申冰的《帝国、晋商与茶叶——十九世纪中叶前武夷茶叶在俄罗斯的传播过程》关注晚晴民国时期中国茶叶在俄罗斯的传播过程，研究物质流动背后经济与权力的运作以及不同文化的碰撞。

第三，饮食的现代化研究。

现代化冲击了人类的饮食生活，中国现代饮食研究则相应地对食物的工业化与全球化现象给予了学理上的关注。研究主要集中于两个方面：中国饮食体系受到的外来影响、食品的工业化与技术化。张敦福的《西式快餐在中国：近代发展及其社会文化探讨》关注西式快餐对中国社会饮食的影响，并以此探讨中国饮食在全球化背景中受到的冲击与如何自持的问题；《哈佛大学的中国人类学研究：一份旁听报告》则结合饮食人类学理论与中国现实的具体国情作深入分析，关注全球化进程中的中国饮食现象；邵京的《证与症：食品安全中的科学与文化——以美国"中国餐馆综合证"为例》论述中国食品被"科学"用作反面例证，表现为以头痛、乏力、四肢麻木与心悸为症状的"中国餐馆综合症"，其论述使得饮食的安全问题呈现出医学问题与政治问题之间的张力；马恩瑜的《在华非洲餐馆已成文化展演地》表明在全球化的进程中不同族裔的饮食文化随人口的流动而传播，非洲餐馆使得在华的非洲族裔找到了文化归属感。郭于华的《透视转基因：一项社会人类学视角的探索》对全球化技术革命下的转基因食品进行研究，从中国社会、文化和制度等方面论述中国对转基因食物的态度。

第四，饮食中的符号研究。

对于饮食象征意义的研究，瞿明安集中关注饮食中的象征符号及其系统，在《中国饮食的象征符号：饮食象征文化的表层结构研究》《饮食象征文化的深层结构》《饮食象征文化的多义性》《中国饮食象征文化的思维方式》等文章中，强调"饮食象征文化作为一种非语言的信息传递方式是主体借以表达心理意愿的桥梁。它把人们内在的各种观念和心理状态加以浓缩，通过特定的饮食活动作为媒介显示出来"[①]。

张珣在《文化建构性别、身体与食物：以当归为例》中，从台湾台中县大甲地区妇女与饮食的访谈资料出发，援引人类学在台湾其他地区的民族志资料，回溯中医文献、考察养生之道，并以当归为例，说明饮食被文化建构为具有性别差异的存在。换言之，饮食被文化塑模成区隔与界定男女性别身份的符号。苏斐然在《苦荞在彝族饮食文化中的历史沉淀与意义再造》中关注彝族饮食中的苦荞及其如何成为族群身份的符号标识。王淑华在《科技、媒介、符号：现代城市的食物烹饪文化实践解读》中则关注现代城市中的饮食烹饪如何借助科技与媒介促成食物的"符号化"并发展自身。

第五，中西比较、旅游及其他。

将中西饮食进行比较研究是中国现代饮食研究的一个取向。这类文章如万建中《中西饮食文化之比较》《中西饮食习俗差异论》，陈炎、李梅《中西饮食文化的古代、现代、后现代特征》，张亚红《中西方饮食文化差异以及餐桌礼仪的对比》，吕雯雯《中西传统节日饮食中的文化差异》，张明娟《饮食文化中的罪感与乐感：中西食物象征比较》等关注中西方饮食的差异性，进而探究这种差异现象背后的文化逻辑。

而将饮食与旅游结合论述是饮食作为地域文化组成部分的自然结果。王晓文在《试论饮食文化资源的旅游开发——以福州为例》中主张，饮食文化是传统民俗文化的重要组成之一，并从文化资源的角度探讨福州饮食文化资源的开发，提出在饮食文化资源开发中应遵循的原则与应采取的措施。杨慧主编的《旅游·少数民族与多元文化》中收录多篇关于少数民族饮食与旅游的文章。马晓京的《中国清真饮食文化的旅游价值及开发》关注清真饮食以及其所蕴含的文化内涵与旅游价值。胡娅丽在《贵州饮食文化旅游资源开发研究》中着重论述了饮食文化在旅游中的商业效益与文化效益，指出品牌饮食建设对旅游的重要作用。任冠文在《广西民族饮食文化与旅游发展》中关注我国少数民族最

---

① 瞿明安：《中国饮食象征文化的深层结构》，《史学理论研究》，1997年第3期，第116～124页。

多的省区广西，如何运用饮食文化与旅游互动发展、走上饮食与旅游的现代化之路。

此外，彭兆荣的著作《饮食人类学》从人类学的视角出发研究中国饮食文化，并提出"品尝民族志"的研究范式，将饮食与政治、礼仪、性别、经济、医疗等结合论述，指出中国饮食体系所特有的认识与表述思维。余舜德主编的《体物入微：物与身体感的研究》论述饮食与人的体感之间的密切关系，食物与饮食者之间形成特殊的主客体互动关系；李亦园的《寒食与介之推：一则中国古代神话与仪式的结构学研究》以一种结构学的视角对中国的寒食现象作出论述，其《饮食男女：吃的文化内在逻辑探索》则在饮食中推求文化的内在逻辑以及饮食演变所包含的文化变迁；韩敏在《人类学田野调查中的"衣食"民俗》中认为，饮食民俗构成"地方性知识"中最生动的部分，并反映出地方的"民间心理"；萧家成的《升华的魅力：中华民族酒文化》从社会文化模式出发研究中国酒文化的产生源头及其内涵。

（二）外国人对饮食意义的见解

国外对饮食的实践整理自古希腊时期已出现。柏拉图（Plato）的《会饮篇》已涉及对饮酒节制与过度问题的谈论。中世纪时，虽然教会主张抑制欲望、实行斋戒，但《健康指南》一书仍对中世纪的食事作出论述。文艺复兴时期，德西德里乌斯·伊拉斯谟（Desiderius Erasmus）著名的《男孩的礼貌教育》则是对于就餐行为举止的规定与礼貌要求。之后，国外围绕选取食材、烹调实践和味觉品尝的著作日益增多，覆盖了饮食活动的各个环节，展现出对饮食现象的密切关注。

与对饮食进行现象演绎的悠久历史相对，国外对饮食的学理研究起步较晚。1888年，《美国人类学》第1卷第3期发表加立克·梅雷尼（Garrick Mallery）的论文《礼仪与进餐》，古典的人类学研究关注"食物禁忌"以及食物在社会系统中所发挥的诸如情感与身份认同的作用。奥德丽·理查兹（Audrey Richards）于1939年发表的《北罗德西亚的土地、劳动和食物》将饮食作为一个综合性的关涉人类情感、社会化组织和经济活动的现象。而对饮食进行现代研究的奠基者人类学家克洛德·列维－斯特劳斯（Claude Levi-Strauss）和社会学家约翰·伯内特（John Burnett）于20世纪中期开始对饮食以及饮食的社会文化内涵作学理性研究。1961年符号学家罗兰·巴尔特（Roland Barthes）发表《当代食物消费的心理社会学》，将食物视为"一种符号，一个传播系统，一个形象体"，开启了符号学对于食物的关注与研究。此外，历史学、物理学、医学、哲学领域的研究者也逐渐参与对饮食的研究，使得国外的饮食研究取得了兼具深度与广度的成果。

## 1. 人类学视域下的饮食符号

早期人类学对饮食的研究多集中关注食物在特殊境况下的作用，研究仪式中的食物及其象征、食物的情感表达作用、食物禁忌、食物与心理和社会认同等。奥德丽·理查兹在《北罗德西亚的土地、劳动和食物》一书中关注食物的符号价值，即在该地区的食物给予与接收活动中，食物携带法律与经济的意义，换言之，饮食在满足人类基本的生物性需求的同时作为一种社会功能的符号化表述。马文·哈里斯（Marvin Harris）则代表着对饮食研究的文化唯物主义取向，在唯物主义的框架内对食物以及饮食行为进行分析；其作品《好吃：食物与文化之谜》将自然科学与人文科学相结合，分析研究关于食物禁忌与取食的各种"文化之谜"。

现代饮食人类学的奠基者克罗德·列维－斯特劳斯以结构主义为取向研究饮食，其《神话学：生食和熟食》《神话学：从蜂蜜到烟灰》《神话学：餐桌礼仪的起源》在以结构主义的方法分析神话、论述其形式结构与人类心智关联的同时，对人类的饮食作形式主义的分析。《神话学：生食和熟食》揭示出烹饪之"无"和"有"之间的对立，也即"生"与"熟"之间的对立，以及其所指涉的"自然"与"文明"之间的对立；《神话学：从蜂蜜到烟灰》则在预设烹饪存在的基础上，考察其"周围"两边：向自然下降的方面即蜂蜜，和向文化上升的方面即烟草，并论述关于蜂蜜与烟草的习俗与信念；《神话学：餐桌礼仪的起源》则进一步考察烹饪的"轮廓"，论述烹饪包括自然和文化两个方面，前者为消化，后者则从食谱一直到餐桌礼仪。食谱是对自然物质的"文化精制"，餐桌礼仪是在食物配制规矩上再加上食用规矩，因此是二级"文化精制"，消化则是对已做过"文化精制"的物质作自然处理。[①] 此外，在对神话作形式分析的同时，作者指出其所隐藏的伦理意义，餐桌礼仪乃至一切的良好习俗中都蕴含着一种自我与他人之间的伦理连接。

同以结构主义为研究取向，玛丽·道格拉斯（Mary Douglas）对食物与饮食的研究，则是试图通过对食物在不同社会、民族、宗教背景下的结构性研究来解读特定社会的"文化语码"，将食物作为一种社会关系与社会结构的符号化表述。饮食表象与内在语码之间的"互文"构成饮食体系与社会的变迁，而特定社会的饮食符号在表述自身的同时，又为不同文化的交流与沟通搭建桥

---

① 克洛德·列维－斯特劳斯：《神话学：生食和熟食》，周昌忠译，北京：中国人民大学出版社，2007年，译者序。

梁。其代表作《洁净与危险》在对污染与洁净作集中研究的同时，显示出其破译人类行为社会语码的努力。

相较于传统人类学对饮食研究的"文化物质主义"与"结构主义"取向，20 世纪 60 年代由埃里克·沃尔夫（Eric Wolf）和西敏司（Sidney W. Mintz）开创的政治经济研究，将对某一地区的饮食或某一特定食物的研究置于国家甚至是全球的宏观历史背景下进行考察，认为文化关联只有在政治经济的研究中才得以清晰显现，以此开启了人类学对饮食研究的新取向，尤其是对蔗糖、胡椒、茶叶、可可、咖啡、香料等由美洲出发、在全球流动的食物，通过对食物在全球传播过程的研究，将对饮食的区域性田野调查与对外部资本主义的宏观认知相结合，强调饮食活动背后政治、经济与权力的复杂关系。

西敏司《甜与权力：糖在近代历史中的地位》是这一研究取向的典型之作，其聚焦于工业化早期的英格兰与美洲加勒比殖民地的甘蔗种植园，论述糖从一件奢侈品化身为工业化生产商品的过程，以及其背后的早期资本主义积累、奴隶化生产、国家间密切的经济联系。而作者另一作品《饮食人类学：漫话餐桌上的权力与影响力》则论述了在食物偏好的背后，结构性与策略性力量与社会组织结构设定的条件相组合，一同决定人民所能够取得的食物、能够维持与改变的饮食习惯。在个体饮食偏好的背后，权力与经济机制起了预设的作用。他通过对加勒比海地区奴隶烹饪行为的分析，表明饮食烹饪的任务使奴隶逐渐拥有掌控事务的自由，在烹饪中个体判断力、创造力的发挥使得奴隶在社会给定身份之外"尝到了自由"的滋味，主体的活力在烹饪行为中得到呈现，美味在一定程度上即自由。

政治经济的研究取向扩展了传统饮食研究的区域性与封闭性，孔拉德·波恩胥帝希（Konras Pernstich）的《香料之王：胡椒的世界史与美味料理；关于人类的权力、贪婪与乐趣》将香料这一特殊食物置于全球流动性的贸易网络与社会权力结构中进行研究；查尔斯·A. 科伦比（Charles A. Coulombe）的《朗姆酒的传奇之旅：曾经征服了整个世界的饮料》以朗姆酒为线索，分析包括奴隶时期三角贸易在内的经济与权力的历史；阿图洛·瓦尔曼（Arturo Warman）的《玉米与资本主义：一个实现了全球霸权的植物杂种》以玉米为关注对象，考察在其全球传播与盛行的背后资本主义力量的运作；此外《蛊惑世界的力量：可卡因传奇》《一条改变世界的鱼：鳕鱼往事》《万有之物：盐的故事》都是以某一具体食物为线索，追踪物质在地域与区域之间的贸易与流动，强调饮食与具体的经济政治力量紧密关联。

此外，佩吉·里夫斯·桑迪（Peggy Reeves Sanday）的《神圣的饥饿：

作为文化系统的食人俗》（1986）则是通过在原始部落的实地调查，对"食人俗"这种特殊的饮食现象作深入研究。"食人"并不能简单地等同于"血腥""暴力""违背伦理"；相反，它传达了群体对生命和死亡的理解，并运用这种理解来控制被视为社会再生产所必需的生命力。"食人俗"在某一文化中存在与否，源于人对生命和死亡的基本态度，并与物质世界的实在性结合在一起。

杰克·古迪（Jack Goody）的《烹饪、菜肴与阶级》将西非的烹饪作为自己的考察研究对象，提出"为什么非洲不像世界其它地区一样，出现有分化的高级菜肴"的问题。在论述西非烹饪的基础上，其考察了古埃及、罗马帝国、中古的中国及早期的现代欧洲的烹饪行为，将不同时空下饮食的制作、消费等差异与本地的社会经济结构相联系，揭示出饮食差异背后不同社会经济结构的作用，在历史的维度与社会阶级内部的差异比较中揭示出人类饮食复杂的社会性质。

马歇尔·萨林斯（Marshall Sahlins）的《石器时代经济学》以非洲的布须曼昆人和澳大利亚土著的食物系统为例进行阐述，指出土著食物系统中物质需求的节制以及人们在采集食物时选择在单位时间内给身体提供最大热量食物的经济性策略。

## 2. 历史学视域下的饮食符号

与饮食人类学研究紧密联系的是对饮食研究的历史倾向，后者关注饮食跨越时间的深度及其演变。汤姆·斯坦迪奇（Tom Standage）《舌尖上的历史：食物、世界大事件与人类文明的发展》阐述食物作为文明建基的平台与协助塑造复杂社会结构的工具，获取食物的方式由狩猎过渡到农牧，人类古老的基因驯化工程造成了"更方便的食物，更脆弱的植物"；而剩余粮食的累积导致分配角色的出现以及权力的汇聚，最终致使阶级制度与金字塔式社会结构的形成；香料的追寻是食物重塑世界的第三种方式，在照亮世界完整规模与地理的同时，也开启了欧洲建立殖民帝国的航程。而对绿色革命的论述则呈现出作者对于食物生产与人口发展之间的密切关注，食物不仅在人类的历史之中，更直接关涉人类的未来。

此外，让－马克·阿尔贝（Jean-Marc Albert）的《权力的餐桌：从古希腊宴会到爱丽舍宫》论述了餐桌与权力在漫长历史中的紧密关联，在排位、座次、食物的质量与数量的差异中显示出人类进食的复杂性；尼科拉·弗莱彻（Nichola Fletcher）的《查理曼大帝的桌布：一部开胃的宴会史》同样论述关于宴会的历史；马丁·琼斯（Martin Jones）的《宴飨的故事》则以考古科技为手段，重建食物发展的历史及驱动力，描绘了食物的历史以及食物对社会和地球生态系统的巨大影响。

甘瑟·希施费尔德（Gunther Hirschfelder）的《欧洲饮食文化史：从石器时代至今的营养史》通过社会领域的文化进程看饮食文化；M. 皮尔彻（Jeffrey M. Pilcher）的《世界历史上的食物》对世界历史上的烹饪文化与食物消费进行比较与综合研究，论述人与食物之间不断变化的关系以及与政治、社会和环境的关联性意义，并且对饮食全球化、绿色革命以及烹饪多元化等现象作出分析；菲利普·费南德兹－阿梅斯托（Felipe Fernandez-Armesto）的《食物的历史：透视人类的饮食与文明》则在世界史与经济史的视角中分析人类的饮食。

美国学者玛格丽特·维萨（Margaret Visser）的《饮食行为学：文明举止的起源、发展与含义》以餐桌礼仪为研究对象，认为餐桌礼仪在根本意义上是一种保证暴力远离餐桌的禁忌体系。吃饭是一种个人行为，而群体的用餐促使餐桌礼仪的产生，并积极地证明人类饮食与其他生物的巨大差异。尽管世界各地的饮食与就餐礼仪呈现出多样化的面貌，但是洁净的食物、对他人的体贴态度与就餐时的和谐氛围成为一种共识，从而证明了人类就餐的礼仪倾向；而其另一部著作《一切取决于晚餐》则以一餐一章节为形式，每章节代表不同的菜肴，以此论述关于食物的历史与文化知识。

伊恩·克罗夫顿（Ian Crofton）的《我们曾吃过一切》以历史的视角记述人们（主要是西方）各种菜肴的来源及历史演变。对于早期的人类来说，每尝试一种新的食物都意味着风险的承担与欢乐的即将获取。

日本学者山内昶的《食具》聚焦于饮食的器皿用具，以世界各地的食具与礼仪为切入点，以大量已有研究成果与历史资料为依据，阐述世界各地食具的产生与演变过程。食具的出现与演变不仅代表着文明的物质进步，其自身以及相伴的礼仪更是一种文化上的变更的表现。

3. 社会学视域下的饮食符号

（1）饮食与身份认同。

饮食的地域性差异使其与身份认同建立密切的联系。波兰学者 J. 克威卡（Katarzyna J. Cwiertka）的《饮食、权力与国族认同：当代日本料理的形成》论述当代日本料理的形成，在史料梳理的基础上，重新审视饮食与国家发展、身份认同之间的关系，揭示出作为国家象征与民族身份标识的日本料理，其形成实际上是相当现代的发明。大贯惠美子的《作为自我的稻米：日本人穿越时间的身份认同》通过论述稻米在日本人生活中的重要性，探究人如何使用主食这一符号隐喻自我和他人的关系，在回溯日本自我观念变迁史上对应的"他者"——中国人、西方人的过程中，提出一种新的通过饮食对自我与他者进行身份认定的文化模型。

饮食的社会学研究同样关涉社会性别的问题。米歇尔·德·塞托（Michel de Certeau）等的《日常生活实践2：居住与烹饪》论述了女性在日常生活中的烹饪行为，并将其作为一种社会和文化状况而非女性本质的表现；其充分肯定烹饪行为中个体的创造力使实践方式个人化，从而呈现出主体的活力。然而工业化的便利却使女性在厨房中的身份由主导者转变为科技的从属者，服从于机械的力量使得主体丧失了本有的实践的快乐。在日常的烹饪行为中，个体实现自我身份以及对自我掌控的能力、完成自我价值与意义的构筑，而这一切又在工业化的冲击下走向危机。

（2）饮食与社会问题。

社会的现代化进程重塑了人类的饮食活动，而学术研究则对现实改变作出学理性回应。约翰·罗宾斯（John Robbins）的《新世纪饮食：危险年代的求生饮食》论述了现代化造成的饮食危机，食品业者在利润与资本的驱动下为隐瞒大众而捏造关于食品营养与安全的神话，个体的饮食习惯与自我身体和地球环境密切相关，而此书作为美国现代科学的研究论述，实际上与千年之前中国古老的养生智慧不谋而合，即五谷杂蔬，以时取食。而罗宾斯另一作品《食物革命》则更直接地披露日常食物中的工业加工与转基因食物的真相，在强调食物、人、环境休戚相关的同时，论述引向人类对自身生存与生命的反思。比·威尔逊（Bee Wilson）的《美味欺诈：食品造假与打假的历史》关注工业化的食物造假问题，在工业技术的改变下人类所认识的食物与实际所吃的食物已经完全不同。《盐糖脂：食品巨头是如何操纵我们的》则关注在最日常的饮食生活中，资本运作于食物的加工，并由此操纵个体的生活形态。

迈克尔·波伦（Michael Pollan）的《烹：人类如何透过烹饪转化自然，自然如何籍由烹饪转化人类》则在人类的烹饪史中寻找现代问题的解释，烹饪的技艺滋养出人类文明，而现代的工业化又带来烹饪的危机，并对人类的饮食做出革命性的改变。

现代化在另一个层面上即意味着全球化。詹姆斯·华生（James Watson）的《金拱向东：麦当劳在东亚》叙述麦当劳在东亚五大城市（台北、香港、北京、东京、首尔）如何成功地融入当地文化的经验。伴随全球化的进程，饮食如何在跨国经营中尽可能地成为当地文化的一部分，根据文化差异与市场口味的灵活性调整与改动是麦当劳得以全球化的原因之一。安德鲁·F.史密斯（Andrew F. Smith）的《汉堡：吃的全球史》则讲述了汉堡这一特定食物的发家史，即其如何从街边小食风行美国甚至全球，并成为一种在文化领域内强有力的表现符号，而饮食全球化的过程又伴随着特定观念、文化甚至价值观的传播与盛行。

### 4. 自然学科中的饮食

饮食的研究并不局限于人文领域。《厨室探险：揭示烹饪的科学秘密》由法国物理化学家埃尔韦·蒂斯（Hervé This）所作，研究烹饪中的化学现象。他与尼古拉·库尔蒂（Nicholas Kurti）一同提出的"分子与物理美食理论"，将科学研究融入烹饪，从分子的角度分析烹饪过程中的诸种变化，开创了由专业厨师与科学家联手研究烹调的先河，代表现代饮食研究中的一种科学倾向。而美国学者加里·保罗·纳卜汉（Gary Paul Nabhan）的《写在基因里的食谱：关于饮食、基因与文化的思考》则是在科学与文化的结合中分析人类的饮食。人类的基因与所在区域的环境协同共进，区域性饮食口味的惯习与偏好是人类基因与地域环境综合作用的结果，而人类健康的饮食应该考虑基因的多样化。

### 5. 饮食的符号学研究

1961年罗兰·巴尔特发表《当代食物消费的心理社会学》一文，开启了符号学对饮食活动的关注与研究。该文提出食物作为一种传播系统的观点，并对这种系统的单位组成进行了讨论；而语言学家艾德里安娜·莱勒（Adrienne Lehrer）的《食品与饮品的符号学》则主要立足于美国社会，研究食物与饮料本身作为符号的表意，以及语言中的饮食符号表意，并就广告如何借助这种表意说服受众购买特定的食品与饮品作出论述，指出饮食表意与现代符号消费的连接关系。而2016年国际权威期刊《符号学》（Semiotica）更是刊登"食物的符号学研究"专辑，讨论涉及食物表意、品尝、烹饪、饮食交流等层面，昭示着符号学对饮食研究不断向系统化方向深入的趋势。

### 6. 国外饮食研究对中国的特别关注

中国作为饮食大国，其饮食的历史性与丰富性受到了国外饮食研究的关注。国内外饮食文化的原生差异使得这种研究含有文化交流的意味，也为探索中国饮食文化开辟了一个独特视角。约翰·A. G. 罗伯茨（John A. G. Roberts）的《东食西渐：西方人眼中的中国饮食文化》综述中国饮食西进的过程以及在这一过程中西方人对中国饮食的观念变化。从早期来华的传教士、外国使者的资料到今日在外的中国餐厅，中式饮食在偏见中扩张，并引起了异质文化的冲突与融合。

尤金・N. 安德森 (Eugene N. Anderson) 的《中国食物》论述了其对中国食物的看法，并对中国食物的演变历程与现状进行了解释，从自然环境、历史进程、农业发展等角度分析中国食物的发展与现状，并作出食物烹调与医疗药用方面的延伸叙述，在对中国食物及饮食的探究中获取关于现代人类生存的经验。而其附篇所收录的论文，如张光直的《中国文化中的饮食：人类学与历史学的透视》在文化的视野中分析中国食物的冷热属性以及具体的烹调特色，并且分别依据定量的、结构的、符号的和心理的标准衡量中国饮食文化。而弗里德里克・J. 西蒙 (Frederick J. Simoons) 的《中国思想与中国文化的食物》则从中国人对食物、健康和疾病的认知，诸神与祖先的食物以及中国的素食主义出发论述食物、进食在中国社会及中国人心理中所扮演的重要角色。

冯珠娣的《饕餮之欲：当代中国的食与色》对中国"食色，性也"的传统命题作出了新的诠释，通过对"食"与"色"的论述，重新审视当代中国人的欲望变迁，在饥饿与食物、集体与个人中探究"天性"背后深刻的历史与政治的本质。穆素洁的《中国：糖与社会——农民、技术与世界市场》集中探讨了中国的蔗糖产业、国内及国际贸易、生产技术以及千年间的消费历史，以此就为何在18世纪中叶尚被认为是世界上经济最发达的中国社会到了19世纪却停滞不前这个基本问题作出了结合地方史与全球史的回答。

饮食作为人类日常生活中不可缺失的部分，无论对其进行现实演绎或是理论探究都自有其价值。纵观国内外饮食研究的现状，从民俗学到人类学、物理学、历史学，多学科交叉，从古代整理、溯古分析到现代多层次探究，对于饮食的研究累累硕果。然而不可否认的是，在现代将饮食置于宏大背景中研究的同时，饮食本身作为独立体系的意义与价值仍有待探究，这正是专注于意义研究的符号学进入饮食研究的缘由与优势。

# 第一章　界定人类的饮食活动：从饥饿到浪费

　　人类的饮食具有生物与文化的双重属性，这一点鲜有争议，但就两种属性的关系而言，人们总是"理应如此"地认为生物性先于文化性，即人类在满足基本的生理果腹需求之后，再赋予饮食以文化的意义。换言之，饮食的文化性一度被认为"后"于生物性。实际上，人类饮食的生物性和文化性之间是否具有先后顺序或者主次之分，并不能简单地根据日常生活惯性作出判断，这涉及更为根本的人类文化现象的临界点理论，即人们往往认为是在人类进化至某一阶段后，人类自身遗传中的一个微小而又重大的变化，"使其能够作为一个接受者与传授者而行动并开始积累文化"，文化现象起源于一个临界点，是人类物种进化的产物，远"后"于人类的生物性。然而，就现代意义上的"人"而言，主要指由近四百万年前的前智人（presapiens）进化至二三十万年前的智人（sapiens）。在这一人类进化过程中，文化的因素已然参与其中，正如格尔茨在《文化的解释》中指出：

　　　　冰川期不仅仅是眉骨后倾和下颚收缩的时期，而且在这一时期内，形成了典型的人类现有特征：完全脑化的神经系统、以乱伦禁忌为基础的社会结构，以及创造并使用象征性符号的能力。这些人类的显著特征是在互相影响的复杂交互作用中一起出现的，而不是像长期以来设想的那样先后出现……与其说文化的作用在于补充、发展和扩大以生物体为基础的能力，不如说它更像是这些基本能力的组成部分。[①]

　　文化参与人类的进化历程，与自然一起发挥效用，共同模塑着人类的"进化"及其行为。这种文化性与生物性在人类身上的复杂交互和互相影响，也投射在饮食这一人类最基础的行为上。人类饮食中的文化因素与生物本能难以截然分割，它既是由本能控制的生理行为，又是受到社会规约的文化活动，其间

---

① 克利福德·格尔茨：《文化的解释》，韩莉译，南京：译林出版社，2014年，第84页。

的界限飘忽不定且互有重叠，而非简单地在生物性之上作符号意义的累加堆砌。换言之，文化属性与生物本性共同构筑起人类饮食行为的基底，这呈现在人类饮食系统的每一个环节中，也体现在人类饮食饥饿和浪费的两个极端，从而使得这一常态化活动具有了区别于其他所有生物的根本特征。

人类的饮食由于生物与文化的共同作用，表现为一段涵盖了从饥饿到浪费的长光谱。在这个长光谱的两个极端之间，是食材的获取、烹饪的实践、就餐行为以及饮食仪礼等具体环节。在人类整体的饮食史上，饥饿和浪费看似矛盾却始终共存，而人类饮食的具体环节随着社会的发展不断演进，衍生出高度文明化的饮食体系，包括各具特色的菜系、精细考究的器皿，以及社会规约性的餐桌礼仪等。人类的饮食活动是一种系统性的意义活动，它构成了一个特殊的表达体系。在这个系统中，生物性进食的渴求与文化对个体行为的模塑共同作用，使人类的饮食行为呈现出区别于其他所有生物的社会性和复杂性。

饮食在人类意义世界中占据着重要地位。火的应用以及烹调的出现，让人类的饮食发生从"生"到"熟"的变革，这种变革一度被视为人类文明的肇始。列维－斯特劳斯在《神话学：生食和熟食》中从博罗罗人的水起源神话出发，将其与热依人的火起源神话相连，通过不断地缝合同一社群的其他神话和邻近社群的神话，论证食物烧煮的起源以及烹饪有无的对立。[①] "生"与"熟"、"湿"与"干"、"新鲜"和"腐败"、"神圣"和"世俗"、"自然"与"文化"以及烹调"有""无"的对立，在列维－斯特劳斯的分析中，形成了一套严谨的逻辑回环。在这之中，生食属于自然的范畴，熟食属于文化的范畴，而这两个范畴间差异和转换的关键则在于"火"的应用和烹调的出现。普通的生食没有经过任何转换，烹调的或腐烂的食物则经历了转换，不同的是，烹调是一种文化手段，而腐烂则是通过自然达成的。换言之，用火烹调、食用熟食，在一定程度上就意味着人类从"自然"迈向"文明"。

熟食对于人类而言至关重要，不仅体现在神话的象征性表述中，也对人类演化过程中的身体结构和社会关系模式有着重要的影响。熟食改变了人类身体器官的进化，特别是大脑、肠胃和其他咀嚼器官，食物资源的累积和分配孕育出社会阶级和秩序。随着人类社会的发展，熟食和烹调技艺不断地趋向复杂化，高度文明化的人类饮食及其符号意义不断发展，而生食之于人类的标出性也不断增强，饮食文本的精细化和生食与熟食间标出性的翻转，是人类饮食活

---

① 克洛德·列维－斯特劳斯：《神话学：生食和熟食》，周昌忠译，北京：中国人民大学出版社，2007年，第473页。

动的重要特征。在不同的社会文化中，饮食也依据宗教、阶级和性别差异呈现出各自的特色，人类共相和文化殊相使人类饮食明显区别于其他在本能驱使下的生物进食。人类在饥饿境况下的物质欲求，主动浪费中的符号表意，共同划定了饮食活动的两个极端边界，而烹饪和围绕餐桌的仪礼则让人类饮食真正从"进食"转变为"用餐"。

# 第一节　人类饮食活动的环节

## 一、饥饿与浪费

饥饿是饮食研究无法回避的问题。在人类社会的发展进程中，物质匮乏的累积时间远远超过了物质丰裕的时间，而在任何一个等级性社会中，饮食的差异化都不可避免，甚至同时出现部分群体忍饥挨饿、部分群体大肆挥霍的极端现象。

饥饿意味着食物的缺失，它与饮食的充裕如同一枚硬币的正反面。饮食研究不是一个简单的单边问题，谈论饮食实际上也就是在谈论饥饿及其解决办法。然而在多数的饮食研究中，饥饿问题常常被选择性地悬置，或是从生理和心理的角度探寻饥饿感的特性及其对进食的影响。但实际上，饥饿并不仅是一种身体感觉，更是一个社会问题。巴西的营养学家约绪·德·卡斯特罗（Josué de Castro）曾指出："饥饿是一种忌讳，它是一种极其可耻的痛苦，证明了现代文化的无能，以致于不能满足人类最基本的需要。"[①] 如果人类的文明在一定程度上始于饮食在"生熟"间的进步，那么经过漫长的历史发展，置身于高度发达的现代社会，人类却依然无法彻底地摆脱饥饿的现实，这就需要受到更多的社会关注。

面对饥荒，人类有着生物性的求生本能。人类学家杰克·古迪（Jack Goody）指出："饥荒经常导致这样的情形，即在传统烹饪系统中那些原本不被选择的物质，被选择作为食物食用。"[②] 换言之，在饥荒时期，食物的匮乏经常导致食物区域边界的扩大，原本不被纳入人类饮食区域的物质，被再度认知为"特殊境况下的食物"而被食用。这种食物获取与饮食区域之间貌似矛盾

---

① 约绪·德·卡斯特罗：《饥饿地理》，黄秉镛译，北京：生活·读书·新知三联书店，1959 年，第 10 页。

② Goody. J. Cooking, Cuisine and Class：A Study in Comparative Sociology. Cambridge：Cambridge University Press，1982，p. 59.

的关系，被不同文明社会普遍存在的饥荒现象证实，也展现了人类饮食范畴存在的弹性边界。

在中国的历史上，阶段性爆发的饥荒，实际上不断地扩大着人们对于食物的认知范围，古代本草类著作中对植物是否可食的特别备注证实了这一点。明代鲍山所编的《野菜博录》正是一部被认知为"可食"植物的收录图谱。在一定境遇下，人们被迫食用本不作为食物的物质，作为对饥荒的回应，人类饮食区域的边界逐渐扩大。这种对食物认知的变化以及饮食的现实境况能够反映出不同阶段的社会生活水平。

面对饥饿，新马尔萨斯主义依然强调人口与粮食间的关系，认为饥饿是由于人口的增长速度超过了食物供应的增长速度，因此节制生育成为解决饥饿的重要方式。问题在于，饥饿是否真的由于食物生产的不足所致？根据联合国粮农组织的报告，现实社会中世界粮食的产量足够养活每一个人，特别是全球每年的粮食浪费量接近 13 亿吨，这个数字足够养活全球的饥饿人口。① 因此，现代社会的饥饿，无法简单地归咎于粮食生产的不足，不合理的分配才是问题的关键，饥馑现象并不只在食物完全匮乏的时候才会发生，相反，它总是和浪费并存。

饥饿是人类食物的获取滑向匮乏的一个极端，尽管在社会的发展进程中始终未能彻底解决这一问题，但人类饮食在整体上依然向着精细化、复杂化的方向不断发展。饮食浪费的现象也早已出现，其背后是社会的物质积累、阶级分化以及权力和财富的复杂作用。浪费与饥饿相对，它意味着部分群体的食物获取滑向了丰盛的极端，并在生理果腹和感官愉悦之外，对食物产生了其他的符号性诉求。在同一个社会中，不同群体间的阶级地位和生活差异使这两种看似矛盾的饮食现象长久地共存，反之这种矛盾也指示着社会的等级结构，让无形的层级距离变得可视可感。

在现实生活中，过度的食材加工、符号化的饮食消费，以及采用宴饮的形式炫耀财富、权力、等级和名望等，都不可避免地包含着浪费。人类饮食活动中的浪费同饥饿一样普遍，隐藏在精细加工和好客热情之后的是"面子""排场"和"摆阔"，对饮食资源的掌控成为彰显身份的符号表达。在这个意义上，一定程度的浪费对于特权阶级而言是必需的，无论是大肆地铺张夸耀，还是现代社会对食品包装和精细饮食的过度追求，都是一种社会化表达。在多数的竞

---

① 《粮农组织：每年浪费约 13 亿吨食物足够养活全球饥饿人口》，http://world. huanqiu. com/exclusive/2016－11/9663297. html. 检索时间：2019 年 1 月 20 日。

争性和炫耀性饮食中，人们吃下去的食物远没有挥霍和浪费的那部分重要，后者才是整个饮食文本意义表达和解释的关键。美洲印第安人的夸富宴是一种原始而奇特的追求威望的宴饮活动，较之于物质丰裕化的现代宴饮而言，期间的浪费现象更加直接，竞争性也更加明显。

　　　　雄心勃勃争夺威望的人，竞相举行盛宴，进行炫耀，看谁提供的食物数量最多。只有当客人们吃得摇摇摆摆倒进丛林，或是吐了回来再吃，盛宴才算是成功的……举行夸富宴活动就是送出去或毁坏掉比自己竞争对手更多的财物。如果举办夸富宴的是一个强有力的头领，他就要毁掉食物、衣服、钱财，有时甚至烧掉自己的房屋，以此来树立自己的威望，羞辱对手，并取得其追随者们长久的敬佩。①

　　这种暴力的馈赠机制看似完全违背了对物质的理性认知，实际上却蕴含着深刻的交换本质，主人与客人、馈赠者与受赠者在这个过程中建立起一种契约关系，并由此完成了身份地位的分层。夸富宴与名誉、威望、权力以及更大的财富紧密联系在一起，"回报"是一项强制性的义务。正如莫斯在《论馈赠——传统社会的交换形式及其功能》中指出的那样："过度的礼物馈赠、疯狂消费、大量毁物行为的动机并非无私无利的。因为夸富宴之故，等级便在首领和其臣属之间、臣属和其附属之间确立下来。给予显示自己高人一等，地位优越和拥有财富的，是主子；接受不回报或回报得不多，表示臣服、屈从、卑谦的，成为侍从。"② 饮食成为聚集跟随者的重要方式，这显然与中国古代的门人食客群体有着共通性，无偿的供养中包含着交换，寄于门下、接收馈赠意味着对契约关系和身份层级的默认以及做出回报的承诺。《诗经·大雅·生民之计》中"食之饮之，君之宗之"，正是对这种饮食关系和等级身份的清晰论述。

　　尽管有着时代和逻辑上的合理性，以夸富宴为代表的炫耀性宴饮以及其中包含的浪费现象依然面临着道德的质疑。合理而节制是人类饮食活动的一项普遍准则，无论是沉湎于口腹之欲，还是铺张浪费，都会面临社会道德的考验。耽于饮食往往被视为意志力匮乏的表现，在节制与放纵、合理与浪费的对比中，饮食系统不仅和社会等级模式直接相关，也总是受到社群文化和伦理道德的制约。人类的饮食是一段涵盖了饥饿和浪费的长光谱，在一个极端和另一个

---

　　① 马文·哈里斯：《夸富宴——原始部落的一种生活方式》，李侠祯译，《民族译丛》，1986 年第 6 期，第 39~45 页。

　　② 马赛尔·莫斯：《论馈赠——传统社会的交换形式及其功能》，卢汇译，北京：中央民族大学出版社，2002 年，第 143~144 页。

极端之间，是人类常态化重复的日常饮食，涉及饮食文本的组合和聚合、发送和接收，感官愉悦和道德考验，以及现代消费社会对饮食的改变，最终共同讲述了人类饮食如何演变为一项系统的意义活动。

从生理性进食到奢侈性宴饮，人类饮食构成一种从物底线到符号满溢的多级进阶。饥荒时期扩大饮食区域的边界，食用草根、树皮、观音土等"非食物"，半饥饿时期选择饥不择食，勉强生存时期仅追求生理解饥和果腹；随着食物的逐渐丰裕，人类饮食演绎出食材的挑选、加工、精挑选、精加工、精进食，甚至是炫耀性的宴饮与品牌消费。在这个过程中，饮食的符号性不断增强，从物底线滑向纯符号的张力，成为人类饮食在"生－熟"之外的重要特征。

饥饿以及对个体或群体的饥饿救助，都指向食物作为"物"的使用性。满足饥饿的饮食是填补生理欲求的物质。随着这种欲求急迫性的上升，任何文化的意义与象征内涵都难以在饮食中留有余地，常态下在"物－符号"之间滑动的"饮食"，由于急迫的饥饿几乎滑入"物"的极端。尽管在饥饿与饥饿救助之间存在着一种给予与接收的社会关系，其间也多少夹杂着饮食之外的社会意图与道德内涵，但是对于忍受饥饿的个体而言，他们首先接收的只是能够满足生理需求的物质，而促使其接收的缘由也定点在饮食的"物性"上。至于经过精细挑选、加工、搭配的饮食，特别是炫耀性的宴饮消费则指向饮食的"符号性"，北美西海岸的夸富宴、古代中国竞相夸饰的宴席、现代社会屡禁不止的珍稀动物宴，尽管仍无法彻底否定其满足饥饿的生理功能，但符号意义在这种宴席中占据了极大的"成分分配比例"，以至于饮食的"物性"被极尽压缩，勉强维持在最低限度。从饥饿至浪费，人类饮食呈现出在物与符号之间的张力，进而折射出复杂的社会现实。

## 二、食材的获取：划定人类饮食的范围

获取食物是饮食活动的初始阶段。获取何种食物，即如何划定人类饮食"区域"的边界线，是由饮食者的个人好恶、自然环境的资源供给和文化社群的饮食传统共同决定的。在生理层面上"可以吃"的东西与人类实际上"愿意吃"的东西范畴并不一致，换言之，"物"进入人类的饮食范畴，成为"食物"，这本身就是一个选择与排除的过程。这种选择与排除是一种意义行为，被选定为"食物"，也是其进入人类意义世界的结果。

关于人类意义世界的复合构成，符号学者赵毅衡指出，物世界与意义世界相对独立，但物世界与意义世界又有相当部分的叠合，由此世界可以分为三大

板块：完全独立于意义世界的自在物世界、物与意识共同起作用的实践意义世界、纯粹意识活动的思维世界。除自在物世界之外的世界都是意义世界。① 在这个层面上，人类的饮食行为正是跨越了实践世界与思维世界，从而在人类意义世界中占据着重要"区域"的意义活动。对食物的认知，涉及人类的意识与思维；依据认知做出的判断与选择，过渡到人类的实践意义世界。

因此，获取食物并不是一个简单的动作性过程，而是一个融合了对食物的认知、理解并最终将其纳入饮食区域的选择行为。这种行为交织着生物与文化的双重因素，饮食的边界也由此在不同文化中呈现出极具弹性的差异。非洲布须曼昆人和澳大利亚原住民的饮食往往被认为是食物匮乏的典型，其所食之物，被欧洲人认为是"恶心且不食的东西，这种当地食物坚定了欧洲人对于他们饥不择食，几近饿殍的推想"。事实上，这些原住民生活在"物质丰富之中"，对他们在原生环境中的习惯与习俗的普遍无知导致了这样的推想。② 在不同文化环境和自然环境中，人们对食物的认知边界并不相同，一方认为不可食用、不应食用的物质，对于另一族群而言可能是日常饮食的重要组成部分。

> 当印度人拒绝吃牛肉，犹太人和穆斯林拒斥猪肉，还有美国人想都不敢想要吃狗肉时，人们从这些现象中可以意识到，在消化生理学的背后会有什么因素在发生作用，使人确认什么是好吃的。这种因素便是特定人群的美食传统，是他们的饮食文化……可以说，食物在能够进入饥饿的肠胃以前必须把营养给予集体的心灵，食物属于"人们基本的思维模式"。③

换言之，在人类饮食选择中起着决定性作用的，不是肠胃，而是大脑。不同的文化社群对"食物"的范畴有着不同的界定，这种认知差异在展现人类饮食丰富性与多样性的同时，也成为界定不同文化、族群甚至个体身份及其所处阶级的方式。

食材的获取，不仅是与自然环境相关的活动，也是人类社会文化的延续。不同社群在食物边界的划定上存在差异，这是不同地域的自然资源、文化传统和饮食习惯共同作用的结果。一个族群的饮食范围及其进食方式与他们对世界的理解联系在一起，在认知食物、划定饮食区域的同时，饮食者也在界定自我

---

① 赵毅衡：《哲学符号学：意义世界的形成》，成都：四川大学出版社，2017年，第8~9页。
② 马歇尔·萨林斯：《石器时代经济学》，张经纬、郑少雄、张帆译，北京：生活·读书·新知三联书店，2009年，第8~12页。
③ 马文·哈里斯：《好吃：食物与文化之谜》，叶舒宪、户晓辉译，济南：山东画报出版社，2001年，第2~4页。

的身份，确认自我在社会中所处的位置。饮食系统是一个社会文化符号系统的重要组成部分，因此，了解一个社群的饮食范畴及特色，实际上也就是在探究这个社群的社会文化系统。

### 三、烹调与用餐

烹调与用餐构成人类饮食活动的核心，既是食物获取的后续环节与最终目的，又是饮食仪礼重点关注的聚焦区。烹饪属于有主体性的人，并以此隔开生物的进食与人类的用餐；围绕人类就餐的程序性行为则体现出人类饮食复杂的文化意义。

烹饪，对于人类而言是具有界定性的活动。1773 年，苏格兰作家詹姆斯·博斯韦尔（James Boswell）声称"野兽中不会有厨师"，并将智人（Homo sapien）称作"会烹饪的动物"。1964 年，人类学家克洛德·列维－斯特劳斯在《神话学：生食和熟食》中表示，烹饪是一种"建立起人兽之隔的具有象征性意义的活动"，烹饪将生食转变为熟食，隐喻着人类从茹毛饮血到文明开化的转变。经过烹调后的食物被掩去了原初的模样，不仅对肠胃而言更易消化，也在视觉层面上改变了食者的观感，让"动物吃动物这种终究非常野蛮（的）行为"显得文明而开化。[①] 实际上，无论是在象征隐喻的层面，还是就现实生理的维度而言，烹饪对于人类而言都具有重要的界定意义。经过烹饪，大量原本不可食用的物质进入祖先的饮食范畴。烹饪为祖先扩宽了食物获取的区域边界，同时让食物变得易于咀嚼和消化，从进化的角度看，这意味着人类不再需要强有力的咀嚼和消化器官。正如理查德·兰厄姆（Richard Wrangham）在《点火》中用烹饪解释了 200 万年前灵长目动物的生理进化，即直立人的出现。与进化前类似猿猴的哈比林斯人（Habilines）相比，直立人的下巴、牙齿和内脏都更小，但大脑要大得多。兰厄姆认为这种变化的原因是烹饪及其带来的高质量食物，将人类从不停地进食与消化中解放出来，以强大的内脏换得强大的大脑，"烹饪让我们变得高贵，人类就是善于用火的生物"[②]。

随着人类历史的演进，烹饪的实践行为也逐渐复杂化，火烤、水煮、烘焙、发酵，烹饪不再仅是一种技术性动作，更涉及主体对食物的认知、感官的

---

① 迈克尔·波伦：《杂食者的两难：食物的自然史》，邓子衿译，北京：中信出版集团，2017 年，第 285 页。

② 迈克尔·波伦：《烹：烹饪如何连接自然与文明》，胡小锐、彭月明、方慧佳译，北京：中信出版集团，2017 年，第 33 页。

灵敏性、食材间的协调搭配、统筹安排的智慧以及各种计谋的运用，以期获得最大程度上的愉悦和满足。在烹饪实践中，主体行动的活力和创造性获得发挥，它能够暂时取缔主体在烹饪者以外的其他社会身份，并赋予主体以新的意义角色。"准备饭菜可以让人们感觉到一种少有的幸福，即自己创造某样东西、加工现实中的某个碎片、感受到缩小化的造物欢乐的幸福，同时保证人们受到朴素而精彩的诱惑，重新体会到构成幸福的一切要素。"① 这种由烹饪而来的幸福，源自个体的实践行为对意义的捕获，同时也在一定程度上意味着自由以及作为"人"的特质。

西敏司在《饮食人类学》中曾论述在奴隶制度盛行的加勒比海地区，奴隶在进行烹饪时，结合传统与陌生环境的食材，创造了既不属于非洲，也不属于欧洲的加勒比海菜，这种自成一格的独特菜肴证明了奴隶作为"人"而非工具所拥有的主体性和创造力。"早在自由真正降临前，奴隶就已经尝到自由的滋味，尝到自由与尝到食物连成一脉。"② 在这个意义上，烹饪实践帮助奴隶摆脱"经济工具"的身份，体验自我内在的人性特质与被环境压抑的创造性。换言之，烹饪行为实际上构成了一个独立的空间，使个体得以摆脱外部环境加之于己的身份，从而充分地享受个体实践的自由与自我成就的幸福。

经由烹饪，自然的生鲜转变为文化的熟食。烹饪就是将自然环境中本不适宜食用的物质，转化为人类欣然接受甚至嗜好之物的过程，它不仅升华了动物野蛮相食的行为本质，也让食物本身变得更加精细和文明化。烹调方式的选择往往取决于食者所处的文化系统，个体的烹饪实践建立在地域文化的秩序之上，不同地方的地理、气候、物产和习俗造就了不同的烹调技艺和地方风味。在一个文化内部，物质条件与经济结构的变化会引起日常生活事务的改变，这意味着烹饪在为个体划出独立空间的同时，也会受社会秩序与文化变迁的影响。因此，烹饪可以被视为一种语言，"在这种语言中，每个社会都传输了很多信息，这些信息至少能显示出社会本来面貌的一部分"③。在个体以烹饪实践获取身份和意义的同时，烹饪也传递出社会与文化的讯息。

烹调实践最终指向了用餐。在日常用餐时，人们往往选择自己"能够吃"并且"喜欢吃"的东西，但这种常识性观点具有一定的欺骗性，"能够吃"是

---

① 米歇尔·德·塞托、吕斯·贾尔、皮埃尔·梅约尔：《日常生活实践 2：居住与烹饪》，冷碧莹译，南京：南京大学出版社，2014 年，第 211 页。

② 西敏司：《饮食人类学》，林为正译，北京：电子工业出版社，2015 年，第 30—31 页。

③ 米歇尔·德·塞托、吕斯·贾尔、皮埃尔·梅约尔：《日常生活实践 2：居住与烹饪》，冷碧莹译，南京：南京大学出版社，2014 年，第 239 页。

某物被认知为"可食"并进入人类饮食区域的结果，同时也是被文化认可、被市场供给的产物；"喜欢吃"所代表的饮食偏好涉及个体的成长经历和地域族群的惯习。因此，人类的饮食在满足身体生物机制的同时，也使个体与社群、与环境、与世界的关系具体化。选择某种食物、规避某种食物，能够成为个体澄明自我身份和社会关系的方式之一。在某个特定时刻选择某种特殊的食物，在某段特殊时间内自愿的戒食行为，都是人类饮食区别于其他动物的鲜明特征，显示出人类用餐行为所承载的复杂的文化品格。

"吃什么""怎么吃""和谁一起"，在一定程度上揭示了人类利用世界的方式，也显示了个体在这个世界所处的位置。人类饮食活动的复杂性远超其他生物，但这件事所带来的乐趣也非其他生物可以比拟。法国美食家让－安泰尔姆·布里亚－萨瓦兰（Jean-Anthelme Brillat-Savarin）曾划分了饮食的各种乐趣，"得偿所愿时直接而真实的感受"是人类与动物所共有的，但"餐桌上的乐趣"则由人类所独享。人类的用餐行为不仅关涉生理上的满足感，还包含着"与用餐息息相关的各种环境、事物和人物所激发的深沉感动"。食材的来源、餐食的烹调者、用餐的地点与环境、一起用餐的人以及餐桌上谈论的话题，共同构筑起饮食的乐趣，也让"进食"真正转变为"用餐"。

## 四、饮食仪礼

东汉许慎在《说文解字》中有言："礼，履也，所以事神致福也。""礼"字的甲骨文作"" 等形，乃象盛玉以奉神祇之器，引申为奉神祇之酒谓之醴，奉神祇之事谓之礼；象豆中实物之形。[①] 换言之，礼之起，与饮食祀神紧密相关，其后扩展为吉、凶、军、宾、嘉等仪制。食礼的最初形态既与祭祀鬼神相关联，也离不开先民们的共食生活实践。"食礼表达的过程，是以食物这种物质为基础和凭借的文化演示，但这种文化演示的宗旨和目标不是鬼神而是演示者自身，是他们自己进食过程中的生理需要与心理活动、感情交流与交际关系的表达和体现，是人们在共餐场合的礼节或特有仪式，它们体现为群体和大众因风俗习惯而彼此认同的行为准则、道德规范和制度规定。"[②]

正因如此，饮食仪礼成为人类饮食活动中最具"文化性"的环节，它积极地证明了人类饮食的复杂性——饮食仪礼并不是让饮食变得更容易，而是愈加困难，直到人类被规训至形成惯习。围绕饮食的仪礼贯穿了人类从获取食材、

---

① 赵荣光：《中国饮食文化概论》，北京：高等教育出版社，2003 年，第 283 页。
② 赵荣光：《中国饮食文化概论》，北京：高等教育出版社，2003 年，第 283 页。

烹调加工到就餐语境的整个过程，并突出体现为餐桌礼仪，即人类为用餐设定的系统性规则：在特定的时间和地点进食，依据特定的方式和顺序使用特殊的器具，配置适宜的装饰物品或助兴活动，依据某种约定安排座位次序，限制身体的动作与声音，以一种讲究的、合乎规范的、文明而富有教养的形式展开就餐行为。

　　任何区域或族群的饮食都置身于这样一个符号系统之中，它包含着详细的规则条例、行为约束和符号意义，参照这个人们有意或无意遵循的系统，上至大型宴席，下至家庭聚餐、私人约会，组织者知道该如何安排食物、装饰环境、调节氛围，参与者明白该如何表达尊重、感谢或其他情绪。饮食者遵循文化社群礼仪的过程，也就是共享一种集体生活的过程，相应的语言、动作、食物和食具规格成为默认的规范性条例，从而建构起集体生活的交流结构。餐桌礼仪的重要作用之一，就是尽量避免餐桌上可能出现的混乱和不清楚的事物，以及破坏这种集体生活交流结构的"异声"。维护某种餐桌礼仪，在很大程度上意味着维护这个礼仪符号系统的既得利益者。

　　从历时的角度来看，稳定性无疑是仪礼规范的一大特征，然而礼仪同样具有一定的历史性和改革性，在不同的历史阶段和文化范围内，围绕饮食的规范呈现出极大的差异，甚至出现截然相反的情况。但对就餐行为进行规范的诉求本身却普遍地存在于各个文明社会之中，因为这是人类社会群休性特征的必然要求：狭义上的用餐仅是发生在饮食者与食物之间的个体化行为，而当食物面对的不再是单一的取食者时，餐桌礼仪便在用餐群体间被催生。群体要求内部的相对一致，促使用餐行为超越单纯取食的个体性和生理性，"他们不会接受与群体和谐相违背的举止"，群体所意味的"和谐""一致"要求对共同用餐者传递友善信号，并营造出和谐舒适的用餐氛围。

　　玛格丽特·维萨（Margaret Visser）指出："社会生活与文化生活的一部分内容就是与其他人进行交往，而且这种交往得以完成的手段就是共同分享群体当中统一的模式、惯例与体系，总之，就是分享礼仪的程序。"① 这种礼仪程序在群体的餐桌上获得集中展现，就餐被限制在一系列的程式化安排与动作要求中，用餐的态度及举止方式被限制，甚至就餐的时间与速度也被赋予长短快慢的要求。这种"得体"的规则连接起个体与他者，从而构建出呈现为"合一性"的群体。

---

① 玛格丽特·维萨：《饮食行为学：文明举止的起源、发展与含义》，刘晓媛译，北京：电子工业出版社，2015年，第24页。

群体的"和谐"与"一致"催生出共同用餐的礼仪，并由此将个体化行为规约于群体性之中。此外，群体内部自在的层级结构又要求饮食礼仪发挥"区分"作用，即通过不同的餐具、食物、座次与顺序展现饮食者的身份差异，及其背后复杂的财富、权力、阶级和政治倾向。正式而等级分明的宴席与轻松的群体性聚餐有着鲜明的差异，它不再是友谊和平等的象征，而是由权力掌控的复杂而界线分明的空间场所。伦敦 1674 年的一则"咖啡馆的规则与条例"从反面证实了正式宴会的等级性：

> 首先，贵族们，商人们，这里欢迎你们，
>
> 大家坐在一起，不要互相轻视；
>
> 这是一个卓越的地方，不需要在意任何人，
>
> 只要找到适合你的位置坐下就好；
>
> 如果有更出色的人进来，也不需要任何人
>
> 起立，并为他们安排座位。[1]

正式宴席对礼节、秩序和阶级的尊重以及就餐的复杂性，被 17 世纪晚期诞生的欧洲咖啡馆以揶揄的韵文从反面证实，这也象征性地意味着现代都市生活对传统饮食礼仪的冲击和改变。任何一种礼节都有其时效性，它是一个群体道德的符号，指示"有教养的人"去关注餐桌上其他人的情感与权利，但是不同的历史时期和文化范围拥有完全不同的符号形态与解释意义。

# 第二节　人类饮食活动的属性

## 一、人类共相：区别于生物性进食

人类的饮食是生物性和文化性互相影响、共同作用的行为，其生物特征与文化意义并非简单的先后累加而是复杂的叠合共生。因此，将人类饮食的生物性与文化性切割论述，或因人类饮食的生物性而忽视其文化意义继而将其笼统地归属于人与生物之间的共相，实际上都意味着对人类饮食活动真实面貌的部分忽视。人类的饮食活动是一种人类的意义共相，这并非简单的语义重复论述，而是人类饮食活动的现实属性。

---

[1]　玛格丽特·维萨：《饮食行为学：文明举止的起源、发展与含义》，刘晓媛译，北京：电子工业出版社，2015 年，第 113 页。

人类饮食活动所包含的部分"生物性因素"为人类与其他动物所共有，然而这并不能推论出人类饮食隶属于一种生物共相，一方面人类饮食中的文化性因素与生物属性叠合共生、难以切割，而前者又是其他生物没有的特性；另一方面饮食活动在人类不同形态、不同程度的文明中普遍共存，这也是饮食生物性与文化性共同作用的结果。尽管不同文明社会的人类饮食各有差异，但就本体含义而言，人类饮食活动是指以某种特定的方式获取"能够"获取的食物，由被认为"适合"烹饪（或程度各异的加工）的人以某种特定的方式加工、烹调，再依照相对严格的规则展开就餐行为，而非简单的"取食"。这是一种人类饮食活动区别于生物性的进食行为，因此，人类饮食不是人与动物之间的共相，而是人的物种共相，是在人类各种文明形态中普遍存在的意义方式。

关于人类共相，符号学学者赵毅衡曾指出："人类共相，是所有的人类，不管其文明采取何种形态，处于何种'程度'，不管是否受到过其他文明'熏陶'，都必定具有的表达与解释意义的方式，而动物无论如何高级，都不会全种属具有这种意义方式。"[①] 因此，人类共相实际上就是使人类成为人类的基本意义方式，从火的使用、程度各异的烹调、尽量定时的就餐，到用餐时左右手的利手倾向，人类的饮食活动在维持基础的生存需求的同时，也展现出对生物属性的超越以及人之为人的普遍意义方式。

（一）用火和烹调

火的使用以及烹调行为是一种人类共相，人类学家理查德·兰厄姆（Richard Wrangham）曾强调"围坐在火旁，我们变得驯良"。远祖对火的使用和烹调行为帮助他们脱离猿类的行列，正式成为人类，尽管自然界的许多动物都接受被火烤炙后的食物，甚至对这种食物产生偏爱，但是只有人类能够有计划地、有目的地利用火、储存火、以火烹调和创造食具。烹调有无的对立，区隔了自然和文化，也区隔了自然的生食、腐食和文明化的熟食。经过烹调后的熟食无疑是一种能量更高、更易消化的食物，它让高耗能的大脑器官得以进化得更大，而下颌和肠道等器官开始缩小。这种饮食转变不仅影响了人类机体的进化方向，也为人类节省了大量原本用以咀嚼和消化的时间，为"更高层级"的人类文化活动的出现提供了支持。

无论是在生物进化还是象征隐喻的层面，操控火以展开烹调行为，都是人类在宇宙中界定自我的方式之一。围绕火的烹调活动，让人类站在一个特殊的

---

① 赵毅衡：《哲学符号学：意义世界的形成》，成都：四川大学出版社，2017年，第178页。

位置，一边是大自然，一边是人类社会，烹饪者的实践行为在为人类提供延续生命生存的基本物质的同时，也在传达着自身对自然、文化乃至整个宇宙的认知。不仅如此，烹调行为也为人类共同的、趋于定时的用餐创造了场合和条件。

### （二）尽量定时就餐

尽管进食为人和动物所共有，但人类的饮食活动并不仅是一种单纯的生物性行为，而呈现出一种趋于固定时间进食的节律性特征。"尽量定时就餐"的习俗可以追溯至两百万年以前，以狩猎和采集为食物获取方式的早期人在获得食物后与家人、同伴、族群共享成果。在此期间，获取食物的方式和所获成果的演变，以及火的使用和烹调的出现，使人类的进食逐渐趋定于某个时间，并根据每一餐的特征对其进行命名（早餐、早午餐、午餐、午后餐、晚餐）。

甚至到了"应该"进食的时间，身体机制会自动产生对进食的生理需要，即在中午十二点与下午六点左右肠胃的肌肉收缩，这种强烈的饥饿感成为指示特定时间进行用餐活动的信号，仿佛在特定时间、饥饿感、用餐行为之间有着固定的连接，但实际上，这只是人类的自我选择并通过重复形成惯习的结果。饥饿感是一种生理现象，人类趋于定时的饥饿感却是一种文化现象，是文化导致了身体节律性的就餐行为。

### （三）饮食的利手倾向

在用餐过程中，左右手使用习惯的不对称，以及由此而来的饮食利手倾向广泛存在于各文明形态中。右利手将左手进食强力标出，这种现象往往被认为是由人体神经中枢的不对称结构所赋予的。但若将人类与生理相近的黑猩猩进行对比观察，就会发现它们在进食时有时使用右手，有时使用左手，同一个物种观察不到一边倒的情形。从生理的角度而言，黑猩猩的大脑功能和人类一样，都具有一定程度的左右非对称性，但黑猩猩群体并未出现右利手的倾向，特别是当小猴使用左手时，也并没有受到母猴的呵斥、拍打等文化上的制约。

左右手使用上的不对称现象很难在纯粹的生理层面上找到充分的解释，在生理相近的情况下，饮食利手为人类所普遍共有，但在黑猩猩等相近物种中并不存在。人类学家罗伯特·赫尔兹在《右手的优越》中曾指出，左右手的区分不是两者在力量、灵敏度等方面的差异所能够解释的，而是由两者所联系的不同性质决定，"人类两手的功能受到一个不变法则的制约和控制，只要世俗和神圣的界限还在，左手就不能侵占右手的特权"[1]。换言之，右利手的优越很

---

[1]　罗伯特·赫尔兹：《死亡与右手》，吴凤玲译，上海：上海人民出版社，2011年，第84页。

难简单地归结为自身在生理上的微弱优势，而应是二元对立思维下维持社会秩序的一个符号环节。

二元对立作为人类原始思维的核心要素之一，主导着原始社会的组织，光明与黑暗、神圣与世俗、洁净与污秽……自然界中两相对立的事物，以比喻的形式表现在空间上，就成为超自然力的两个相对等级，原始社会便建立在这种等级划分的基础上，自诩为万物灵长的人类的身体，自然也无法逃脱这一法则的控制。罗伯特·赫尔兹在论述左右手之间的差异时强调，左手被视为"污秽"而"危险"的死亡一侧，绝不能侵占右手（生命一侧）的特权，一旦左手在饮食活动中抢占了右手的"职责"，就直接意味着污秽和危险："如果你同几内亚海湾的一个土著一起对饮的话，必须时刻注意他的左手，只要他一用左手触碰饮料，就能置对方于死地"，"尼日尔低地区生活的部落禁止妇女用左手做饭，怕她们试图毒害别人或施以巫术"。[①]

在人类的饮食活动中，对左右手进行不同的价值定位，将左手在进食过程中标出都是一种普遍的文化现象。在物与物、人与人之间制造不可逾越的鸿沟，在左右手之间制造卑微与优越的区分，在神圣与世俗、洁净和污秽间划出明确的界线，这种盛行于原始社会的观念正在现代社会中逐渐消退，然而只要对立不对称的思维还在，正项标出异项的意义企图就不会从文化中消失。

此外，人类的饮食还是一种规避禁忌的选择性行为和携带目的的分享性行为。饮食禁忌从反面点亮了人类饮食区域的"边界"，显示出人类饮食的文化共通性和选择性；食物分享虽然在部分高级动物特别是群居性动物中也存在，却更多是作为生物求生的本能策略，缺乏突出的情感和道德的文化意义。这种以火烹调、趋于定时，同时拥有利手倾向、目的性分享和规避禁忌的饮食活动是人类的共相，展现出人类原初的意义方式形态，也正是在这个过程中，人类身体对进食的渴望和意识对意义的追求同时获得满足。

## 二、文化殊相

人类的饮食活动普遍共存于任何文明社会之中，展现出人类意义方式的一种原初形态。然而在不同文化社群内，人类饮食系统各个环节的特殊和差异，又呈现出这种原初形态所衍生的多样化的社会文化方式。殊相（particulars），作为与共相（universals）相对的概念，往往是民族的、信仰的、阶级的和性别的。人类饮食活动围绕着不同民族、阶级、宗教信仰和性别等维度所显现的

---

① 罗伯特·赫尔兹：《死亡与右手》，吴凤玲译，上海：上海人民出版社，2011年，第66页。

特殊性，在"食"与"不食"以及食用方式之间的多样化形态上，都呈现出人类饮食活动的文化殊相。

（一）民族与阶级殊相

中西方饮食的殊相差异不仅体现在米食、面包等主要餐食上，在饮食器具方面的差异也尤为明显，即"筷子"与"刀叉"相区别，前者与传统农业社会的生产节奏和伦理观念相适应，呈现为一种温和的集体性叙事；后者则与海洋品格相连接，显现出与前者的巨大差异。

筷子在中国使用得很早，其历史可以追溯至新石器晚期。《礼记》中有言"饭黍毋以箸"，《史记》中亦记载"纣始为象箸"，"箸"即筷子的早期说法。东汉许慎在《说文解字》中言："箸，从竹、者声"，说明筷子最初主要是由树枝或细竹制作而成。此后亦采用金、银、玉、象牙、铜、铁等材质，餐具演绎为传递使用者身份意义的符号。从"箸"到"筷"，一般认为是由于航运发展，出于避忌而改之，据明代陆容《菽园杂记》记载："民间俗译，各处有之，而吴中为甚，如行舟讳'住'，讳'翻'，以'箸'为'筷儿'，'幡布'为'抹布'。"

日本、韩国等国家长期受中华文化的影响，饮食器具方面向中华文化圈靠拢，日常也多用箸（筷）。符号学家罗兰·巴尔特曾强调东方食物与筷子的协调不仅具有动能性、工具性（即具有和刀叉相同的"送食入口"的功能），除此之外，筷子还有其专属功能："筷子有指示功能，它指向食物、指出碎块，以选择动作本身而使索引的功能得以存在，它决定着它所挑选的东西，它在用餐时引入某种任性和散漫，总之，这不再是机械的操作，而是有智慧的活动。"[1] 更重要的是，对比东西方食具，筷子的夹取行为能够因其材质（如木、竹、玉等）而更显"柔和"，它拾取、翻转、运送，与西方刀叉"暴力"地刺穿、剖裂、切割不同，后者充满了捕食性的意味，相反，"用筷子，食物就不再是我们暴力之下的猎物，而成一种和谐传递的东西"[2]。

就西方食具而言，将"刀"运用到就餐中的历史可以追溯至古希腊，但在古希腊-罗马时期，由于当时的男性采用躺卧的方式就餐（即躺在专为吃饭设计的台子上），餐刀用起来并不方便，肉食一般会提前切成大小适合的块状，然后用手抓着吃。随着坐在地上进餐的日耳曼民族侵入罗马，躺着进餐的习俗

---

[1] 罗兰·巴尔特：《符号帝国》，汤明洁译，北京：中国人民大学出版社，2018年，第17-18页。

[2] 罗兰·巴尔特：《符号帝国》，汤明洁译，北京：中国人民大学出版社，2018年，第19页。

逐渐被废弃，从加洛林王朝末期到 10 世纪，人们已经开始坐在椅子上进餐。在这个过程中，餐刀依然主要发挥着切肉的功能，16 世纪上半期英格兰神父兼诗人亚历山大·伯克利曾作诗：

> 如果遇到喜欢的菜，不论是肉还是鱼
> 十只手同时聚集盘子
> 如果是肉，看到的就是十把刀
> 切肉的刀在盘中上下翻飞
> 如果手伸进势必受伤
> 除非让手带上盔甲①

　　餐刀的使用具有一定的危险性，也正是在这一时期，西方的餐桌礼仪逐渐确立，"不准像握剑一样握刀"，"在把刀递给别人时，必须将刀刃握在自己手中，刀柄朝着对方"。餐叉在西方的使用也几经波折，尽管旧约《圣经》中已提及"三齿叉子"，庞贝城遗址中也已出土数个小型餐叉，但在中世纪，神职人员仍坚持"如果神希望我们使用叉子这个工具，那为什么赐给我们手指呢"？即使到了 1695 年，安东尼在《法国绅士实践礼仪新论》中仍强调："肉要放在盘子里切，然后用叉子送到嘴里。我之所以建议人们使用叉子，是因为油腻的食物，用手触摸实在有伤大雅。如果用手抓着吃，就会有更多卑劣行为接连发生。"② 这种礼仪的反复强调，实际上也从反面证明了在当时西方固守"亚当、夏娃遗风"的依然大有人在。

　　埃利亚斯在《文明的进程》中指出，18 世纪末，大革命前夕，在法国上层社会，随着"文明化"进程的逐渐推进，通用于整个社会的餐桌礼仪的标准基本形成。也就是说，规范化、礼仪化的西方社会餐具使用标准的形成实际上是相当晚近的事，特别是这些标准需要渗透到一般市民社会，才能够真正普遍化。

　　中西方餐具的使用历史相当繁复且难以进行清晰的阶段性划分，不过相较于各种餐具的使用时段，不同餐具在中西方餐桌上的文化意义更值得重视和关注。筷子经常被认为是"手指"的延伸，王力在《劝菜》中指出"中国人在酒席间讲究同时举筷子，同时把菜夹到嘴里，只差不曾嚼出同一节奏来"，举筷夹食同一盘菜，以及为他人亲密地布菜劝食，筷子在中国的餐桌上进行着一种

---

①　山内昶：《食具》，尹晓磊、高富译，上海：上海交通大学出版社，2015 年，第 134 页。
②　山内昶：《食具》，尹晓磊、高富译，上海：上海交通大学出版社，2015 年，第 159 页。

温和的、团结的集体主义叙事。相较之下，刀叉的使用则暗含着锋刃、危险和一定的隔离空间，在西方的集体宴席间，即使配合着反复强调的礼仪规则，手食现象依然留存，直至"私人空间"和"个体意识"逐渐崛起。文艺复兴之后的饮食礼仪变迁，实际上就是一部简化和分割的历史，私人空间在"洁净""卫生"和"尊重"的观念加持下成为餐桌礼仪的首要关注对象，人与人、人与物之间被不断画上界线，无意间的冒犯行为不仅不符合"高雅餐桌"观念，而且被判定为个体修养不足的体现。刀叉在西方餐桌上切割着食物，同时也在讲述着关于个人空间和个体意识发展的故事。

餐具选择和餐桌礼仪在特定历史时期也会展现出阶级性差异。筷子在公元608年传入日本，由小野妹子从隋朝带回日本，当时为款待随同来访的隋朝使节裴世清，日本举行了盛宴，并在席间采用中国式就餐方式，即将筷子与羹匙摆在餐桌上。日本学者山内昶认为，这是因为当时的日本担心被蔑视为"野蛮的"手食民族，而临时采纳了"先进"国家的进餐方式。此后，在日本平城宫遗迹（710—784）中出土了大量中国式铜筷，然而考古者在城中一般家庭居住地基本没有发现筷子[①]，这说明食具筷子从中国传入日本后，在一定时期内主要作为上层阶级的"优越的"就餐方式，而一般民众仍以"落后的"手食为主。在分化出等级秩序的社会里，统治阶级或上层阶级会通过各种方式标示自我的身份，而餐具的选择和就餐礼仪正是方式之一。

罗兰·巴尔特曾对"筷子"大加赞赏："筷子充满母性，毫不疲倦地进行着成鸟喂食幼鸟那一小口时的动作，将那种捕食性的进食方式留给我们（西方人）充满刺与刀的习俗。"[②] 然而，这种先进的、优越的东方就餐方式，也曾在一定历史时期被西方的餐桌礼仪逆转地位。近代中国，随着西方文化的兴盛与入侵，熟练地使用西式餐具、通晓西方餐桌礼仪一度成为风尚，上层阶级对西方餐食、餐具和就餐礼仪竞相追逐效仿，饮食的殊相差异甚至成为阶级身份的指示符号。在这种民族饮食"优越性"反复变迁的背后，是不同民族的经济发展、政治力量在发挥效用，从而促使文化认知的转变，决定着"优"与"劣"的判定标准。

（二）宗教殊相

宗教是社会意识形态之一，饮食作为人类的基础性活动，在宗教信仰的层面上也获得特殊化和多样化的展示。就总体而言，宗教信仰食俗呈现出群体

---

① 山内昶：《食具》，尹晓磊、高富译，上海：上海交通大学出版社，2015 年，第 91~97 页。
② 罗兰·巴尔特：《符号帝国》，汤明洁泽，北京：中国人民大学出版社，2018 年，第 19 页。

性、自觉性等特征，是一个族群自觉自愿遵守的某些饮食规则。"宗教对食物的关注和表达独树一帜，它试图首先将食物假定为一个事先被预设了价值和阈限的实物符号，其语义和编码必须按照预期的方向行进，致使宗教与食物就此框囿在特殊和特定的范围之内，并常以宗教教义的形式进行限制和言说。"① 将食物前置性地定义为某种喻戒性的符号，在饮食选择、分类、食用方式和禁忌等方面做出详尽规定，反映出某一宗教群体将饮食活动与分类秩序、社会关系、宇宙认知结合在一起。换言之，多样化的饮食宗教殊相在展现各自食物获取边界的同时，也以其特殊性表达着自我的认知并标示出群体的身份。

中国本土的道教以长生升仙为追求，饮食重视服食辟谷、养生养性。服食即选择黄精、天门冬、丹砂等草木药物来吃；辟谷即断谷休粮、仅食药物。道教尤重视炼食金丹，以求长生。之所以做出这样的饮食选择，是因为"道教认为人体内有三虫，亦名三尸。三尸常居人脾，是欲望产生的根源、毒害人体的邪魔。三尸靠谷气生存，如希冀益寿长生，则必须辟谷"②。摒除五谷杂粮、荤腥辛辣，道教的理想饮食是"餐朝霞之沆瀣，吸玄黄之醇精，饮则玉醴金浆，食则翠芝朱英"。在这种饮食选择的背后，是道教传统的"人禀天地之气而生"的认知观念，气存人存，因此选择百炼养气的丹药，隔除食危败气的荤腥。

佛教于公元前6世纪至公元前5世纪中期，由古印度迦毗罗卫国的王子悉达多·乔达摩（释迦牟尼）创立，以众生平等的思想反对婆罗门的种姓制度。据史书记载，汉代时佛教已传入中国，在魏晋南北朝时迅速发展，并于唐代达到鼎盛时期。佛教的饮食戒律本只是不饮酒、不杀生，并未强调不准吃肉，只要不是自己杀生、不叫他人杀生和未亲眼看见杀生的肉都可以吃，也即"三净肉"可食。③ 现存各国的多数佛教徒，以及中国藏族、蒙古族等少数民族的佛教徒仍是吃肉的，只有汉族佛教徒曾因梁武帝的强制性命令，被规训一律食素、严戒吃荤。实际上，在饮酒的问题上，佛教也存在解斋吃酒的情况，敦煌僧人可以在寒食节解斋饮酒、踏歌设乐。高启安曾指出："岁日期间僧人们要解斋喝酒，因此寺院在大岁前还要支出节料卧酒，以备岁日解斋时食用。"在不杀生、不饮酒、不食荤的饮食戒律背后，是佛教众生平等的认知思想，以及六根清净、智慧圆满、修行成佛的追求，饮食成为行道的手段。而特定境况下的"开戒"，

---

① 彭兆荣：《饮食人类学》，北京：北京大学出版社，2013年，第83~84页。
② 赵荣光：《中国饮食文化概论》，北京：高等教育出版社，2003年，第187页。
③ 赵荣光：《中国饮食文化概论》，北京：高等教育出版社，2003年，第182页。

也表明宗教饮食实际上并不是神圣不变的"规则",而是一种"选择"。

伊斯兰教的饮食戒律相较而言则更为繁复,《古兰经》规定:"他命令他们行善,禁止他们作恶,准许他们吃佳美的食物,禁戒他们吃污秽的食物。"伊斯兰教的饮食倾向,大致遵循着美与丑、善与恶、洁与污的取舍标准。这种饮食选择与禁忌也显示出伊斯兰教对真主秩序的坚持。清代刘智编著《天方典礼》曾记载:"饮食,所以养性也,以彼之性益我之性,彼之性善,益我之善性;彼之性恶,益我之恶性;彼之性污浊不洁,则兹我之污浊不洁性。"[①]

至于饮食禁忌,则"一切异形之物不食","暴目者、锯牙者、环喙者、钩爪者、吃生肉者、杀生鸟者、同类相食者、贪者、吝者、性贼者、污秽者、乱群者、异形者、妖者、似人者、善变者"[②] 等鸟兽均不可食,简而言之,即一切外形品性不善、不美、不洁者均不食。这种取舍标准明显与伊斯兰教对和平、平等、不抢掠的教义追求相一致,为保持洁净的心灵和身体,所食之物也须保持纯良、洁净。

需要指出的是,无论是道教、佛教,还是伊斯兰教,尽管宗教信仰总是对食物做出前置性的符号表述和喻戒说明,但在实际发生的层面上,宗教教义与饮食选择的先后顺序,都应是先有群体的饮食经验,而后附会于戒律教义。因为即使是同一宗教信仰的群体,在不同的生态和地域环境中,其饮食规定与实践活动也会在与大原则不相悖的情况下呈现出区域性差异。

然而,就总体而言,一旦宗教的饮食规定形成,随着群体的广泛坚守和重复,便能够不断累加意义,并成为该群体的身份符号。换言之,宗教饮食的自我要求,不仅是宗教群体在教义追求下的行道方式,而且也发挥着区隔他人、界定自我身份的作用。

(三)性别殊相

在人类文明的历程中,性别分类是最基本的分类,男人和女人的差异是社会分类和分层的重要指标,饮食作为维持和保障人类生存最基础的活动也依据这一指标做出差异性区分。

饮食的性别偏向与禁忌广泛见于"神话式思维"中,即"象生象"(like produces like)的符号隐喻:虎鞭、鹿鞭、牛鞭壮阳,鸡肾补肾,海马、海狗、蛤蚧增加能力,鱼子补阳,鱼泡收子宫,红枣补血,藕粉美白,当归补

---

① 刘智:《天方典礼·卷十七》,张嘉宾、都永浩整理,天津:天津古籍出版社,1988年,第57页。

② 赵荣光:《中国饮食文化概论》,北京:高等教育出版社,2003年,第184页。

血，桂圆滋阴。食物符号与对象之间的部分像似，被认为是施以疗效的直接途径。① 当文化将性别划入饮食的符号修辞中，这种"象生象"的符号隐喻衍生出明显的性别意义，作为偏向男性饮食的虎鞭、海马之类明显被视作增加男性性能力之物，而偏向女性饮食的红枣、当归、桂圆之类则被视为女性调经补阴或润色之物。食物依据"象生象"的符号隐喻与性别发生直接联系，甚至使自身成为携带性别意义的符号。

男性与女性的生物性身体差异是未完成的，需要后天文化加以补足。是以生物性与文化性共同建构男女性别，而这种建构在一定程度上借助于饮食。台湾原住民兰屿的达悟人把鱼分为老人鱼、小孩鱼、男人鱼、女人鱼，小孩鱼和女人鱼是好鱼，老人鱼和男人鱼是坏鱼；女人不可以吃坏鱼，否则就会有恶心呕吐的症状，严重者死亡。② 这种对鱼的分类和食用的规定具有区隔和分层的社会意义，食物的划分和饮食的规定既加强了性别的生物性差异，又在文化规约的作用下，促进个体对自身性别身份的认同。仅就生理而言，女性食用坏鱼并不一定会恶心、呕吐甚至死亡，但受文化惯习的影响，女性依旧会产生强烈的心理暗示，并自觉地拒绝食用这类食物。

食物不仅体现着性别差异，而且在人类的饮食活动中"食""色"之间一向有着紧密的联系。古人言"食色，性也"，强调对人之本性的尊重，无论性别，皆有"食""色"的本性。然而对立两项的不对称乃是一个普遍规律，男女性别的对立亦是如此。这种性别的不对称，强烈地体现在"食""色"的活动中。从前文明社会进入文明社会、从母系社会进入父系社会，男性宰制社会，控制权力，反转标出性，强烈地定义自身为"正常"的正项，并将女性作为异项标出，以确定自身的正项地位。"以色侍人"是传统意义上男性对女性的要求，化妆、服饰、形体、歌舞被划归为女性的事务，乃是男性在康乐问题上对女性的预设。在对立两项中，这种符号载体在一个性别上的过度累加，显示了这一性别的标出，也从反面证实了另一性别占据正项的"本色"地位。在"色"的问题上，女性以自身符号载体的过度累加显示出其在文化中被标出而处于边缘化的地位，在围绕着"食"的活动中，女性的标出性则从符号载体的过度累加与缺失两方面进行显示。

世界上绝大多数的社会都属于父系制社会，男性主导，女性从属。在中国

---

① 赵毅衡：《符号学：原理与推演》，南京：南京大学出版社，2016年，第189页。
② 陈玉美：《夫妻、家屋与聚落：兰屿雅美族的空间观念》，出自《空间、力与社会》，台北：中央研究院民族学研究所，1995年，第136~137页。

的传统社会里，由男性建构的"理想女性"需要"三从四德"，即从父、从夫、从子，女德、女言、女容和女红。所谓"女红"，即"做好厨房里的事，把厨房收拾干净，并准备好食物。家里来了客人时尤应如此"①。这不光是中国传统社会所独有的现象，人类学者古迪指出："总的来说，在人类社会里，烹饪属于女性角色的一部分。"② 尽管围绕食物的工作是社会中一个复杂的系统，从食物原材料的来源到烹饪再到食物的共享，男性和女性都必须参与其中，然而不可否认的是，就人类社会的总体而言，家庭日常烹饪的工作属于女性。

这种将常态下家庭生活中"食"的工作，即从宰杀、清洁、处理原材料到食物的具体烹饪，再到饮食器具的摆放等，彻底划归于女性，是在对女性进行符号载体的过度累加，并以此标示出女性的"异项"身份。女性的烹饪与化妆一样被认为是"自然的"女性天职。而女性对家庭生活中食物烹饪工作的自觉承担与"自愿"标出，正是其被彻底边缘化的证据，即下意识地从男性的角度理解世界和自我。

男性与女性的对立不对称，在性别研究中，常以"内外两分制"的观点进行解释。所谓"内外两分制"，即男主外，女主内。在公共空间和私人空间的划分中，女性被一道看不见的屏障遮挡，被困于屋舍之内，被公共事务拒绝，被武断地剥夺社会竞争的机会。如果按照"内外两分制"中与食物有关的空间形制来看，即女性占据食物制作、烹饪的空间——厨房，而男性则占据饭厅——作为享用食物的空间。通常的情况下，厨房与饭厅是相互区隔的，食物烹饪在厨房中进行，当食物制作完成则移至饭厅享用。从厨房到饭厅的过程，正是食物从生到熟，从"肮脏"到"洁净"，从女性之手到男性之口的过程。食物空间的转变暗含着性别差异与社会地位的隐喻，因为食物尽管由男女共享，却以男性为主导；女性烹饪食物，在饮食上却处于"屈从"地位。阎云翔在《私人生活变革》一书中以下岬村案例说明：

> 直到 80 年代初期，村民们都在炕上用小小的炕桌就餐，男性家长坐在炕头的位置……家里的主妇则是站在炕桌边或者半坐在最外面的角落，以随时准备为每一位盛饭盛菜。因为炕桌的面积小，饭菜大部分都留在外屋的锅台上。在人口较多的家庭，这位主妇经常会因为忙于服侍全家而顾

① 辜鸿铭：《中国人的精神》，北京：北京联合出版公司，2013 年，第 60 页。

② Goody, J. Cooking, Cuisine and Class: A Study in Comparative Sociology. Cambridge: Cambridge University Press, 1982, p. 71.

不上吃饭，只好过后在厨房吃些剩饭了事。[①]

　　妇女与厨房、男人与饭厅之间有着虽非严格限制但已成为既定的关系，尤其是有客人来访或其他重要饮食场合，女性会失去原已边缘化的就餐资格而"不上桌"。这种女性就餐"不上桌"的旧俗曾广泛存在于中国各地，女性在厨房负责食物的烹饪，却没有在餐桌就餐的资格，因为餐桌被认为是属于男性的空间。换言之，与在厨房主导烹饪时不同，在具体的饮食行为中，女性转变为"缺失"状态。而"缺失"也具有标出性，女性在饭厅这一男性空间中的"缺失"是其被标出的又一证据。辜鸿铭在《中国人的精神》中称"古代中国人把妇女称为一个固定房子的主人——厨房的主人"[②]。女性被固定在厨房之内，缺失在厨房之外，详见下表。

| 食物　　　性别 | 女 | 男 |
|---|---|---|
| 状态 | 生 | 熟 |
| 空间 | 厨房 | 饭厅 |

　　食物由生至熟的状态转变以及从厨房到饭厅的空间移动，都不再仅是日常生活中的平常之象，女性在厨房处理生食而男性在饭厅享用熟食也并非"内外两分制"下自然而然的逻辑结果，而是男女性别的社会关系与社会地位的隐喻。这是一种社会和文化现象，属于历史的范畴，而不是男女性别本质的表现。

　　女性在厨房内的符号过度累加与在饭厅中的缺失，都显示了女性作为异项被标出。"生－熟""男－女""厨房－饭厅""累加－缺失"，在形式的背后，是父系制社会中男性控制着作为元元语言的意义形态以及作为元语言的文化，从而控制着社会中的评价体系与解释活动，女性从事食物烹饪的工作被解释为女性身体与生理上的"适合"，并将厨房划为女性的空间，对其进行符号载体的累加，而女性主内的工作被评价为成就低于男性所从事的社会公共事务，从而处于屈从地位，以至于产生广泛的女性就餐"不上桌"的习俗，让女性在厨房之外的空间处于缺失状态。

　　这种男性主导社会公共事务，女性负责哺育孩子和烹饪食物等家庭事务的

---

[①]　阎云翔：《私人生活的变革：一个中国村庄里的爱情、家庭与亲密关系 1949—1999》，龚小夏译，上海：上海书店出版社，2009 年，第 149 页。

[②]　辜鸿铭：《中国人的精神》，北京：北京联合出版公司，2013 年，第 69 页。

划分，被认为是导致男女在社会性别地位上有所倾斜的重要原因。而之所以进行这样的划分，似乎完全是因为男女性别的生理差异，烹饪食物是"天然的"适合女性的工作，它与社会预先赋予女性的柔软、温顺、细腻、计较等气质相符合，而受到社会推崇的坚毅、坦荡、阳刚则是属于男性的特质，也是处理重大社会公共事务所需的特质。与社会事务相比，烹饪等家庭事务被认为是琐碎和低下的，因此女性的生存相对男性而言"理所当然"地被忽略。男性和女性在公共空间和私人空间的角色划分、空间限定和不同的成就评价，有着伦理的、政治的意义，其背后是男性对社会资源的控制以及社会权力结构的复杂作用，最终导致了女性在整体上处于屈从的社会地位。

"每一个社会评价性的活动就是意识形态支持的一个解释努力"[1]，而"标出性的翻转，来自社会文化元语言的变迁"[2]。男性掌控着意识形态与元语言，控制着意义植入感知的规则，占据正项而标出异项，男女性别的对立而不对称是必然的。由男性/人类（man/human）所构成的以男性为中心的文化，对"男-女"这对符号，进行了不同的"给予意义"的活动。在这个过程中，利用并加固男女既有的生理差异，同时又建构起男女的社会空间，并对其社会性别及地位做出差异性划分，而这一切都在最为日常的饮食活动中通过"生-熟""厨房-饭厅""累加-缺失"的形式进行组织与呈现。

不可否认的是，男女生理性别的差异是确定既存的，然而男女的社会性别与地位以及各自从事活动的意义，却依赖文化的建构，依赖能指的分节。不同状态下食物活动的性别分工，作为能指的区分，把作为所指，即男女的社会性别差异以及社会地位，进行秩序化的分隔，而这种双重分节，决定着不同性别活动的意义呈现。饮食性别殊相的背后，是社会性别权力的宰制问题，是某一个性别主体控制着文化意义植入感知的规则，也控制着符号解释的规则。

符号学家赵毅衡曾有过自述："我贴近生活，贴得很近，我明白没有原生形态的、本在的生活，一切都取决于意义的组织方式。"所以形式至关重要，形式的转变会产生完全不同的意义，当"新式餐桌"替代"炕桌小桌"，"其结果是，主妇也同其他人一样可以坐在桌前就餐，因为新式餐桌比炕桌要大一倍以上，可以放下所有的饭菜"[3]。当机械化的现代灶具对女性烹调的过程进行简化，当"新式厨房"以其"开放式"的结构打破食物与用食的空间制度，继

---

① 赵毅衡：《符号学：原理与推演》，南京：南京大学出版社，2011年，第242页。
② 赵毅衡：《符号学：原理与推演》，南京：南京大学出版社，2016年，第289页。
③ 阎云翔：《私人生活的变革：一个中国村庄里的爱情、家庭与亲密关系1949—1999》，龚小夏译，上海：上海书店出版社，2009年，第150页。

而打破了区隔男性与女性的空间界限，甚至在悄然地改变着社会性别的倾斜与地位的差异，"男主外，女主内"的两分制受到形式上的挑战，而形式正是一切改变的起点。

在现代化的社会中，性别殊相并没有随着教育、民主和平等化的进程而彻底消失，而是更加隐蔽和巧妙地存在着、传播着，饮食符号系统发挥着社会区隔的功能，也让这种性别差异更加具象化。饮食领域与其他社会领域一样，正发生关于追求性别平等的运动，但认为这种追求已经实现显然还为时过早。不仅如此，围绕着人类饮食，在民族、阶级、宗教信仰和男女性别等维度展现的殊相差异，实际上也折射出人类意义方式的原初形态在不同文化中获得演绎的丰富性。

# 第二章　饮食作为文本及其表意机制

在人类的饮食活动中，烹饪与进食占据着核心环节，并呈现为具象的"饮食文本"。烹饪者所实践的烹调操作、具象形态的饮食文本以及取食者的用餐行为，构成了一个完整的从发送到接收的符号过程。在这个过程中，"饮食文本"连接起烹饪者的发送和用餐者的接收，作为核心文本的食物与其他相关伴随文本，一起构成全文本式的表意行为，而饮食符号的意义也由此完成烹饪者的意图意义、饮食的文本意义和用餐者的解释意义的轮流在场。

## 第一节　食物的表意及其机制

### 一、食物："物－符号"的双联体

人类的饮食活动预设了一个选择和排除的过程，"吃什么"在昭示个体的饮食偏好之前，首先揭示的是文化群体对"食物"范畴的界定。生物层面上的"可以食用"，和实际上被某一人群纳入"饮食"范畴，是两个不同的概念。换言之，"成为食物"本身就是被选择的结果。选择"某物"作为"食物"，不仅取决于自然环境所孕育的生物资源类别，也包含着群体的主观选择和意义操作，在这种选择和排除的背后往往是文化的主导，食物的概念在不同的文化系统中具有完全不同的符号与意义表达。

关于文化因素在人类饮食活动中所发挥的效用，人类学调查曾指出："现代意义上的'人'在进化完成以前，工具趋于完善的使用、有组织的狩猎采集、火的发现以及日益增长的对符号象征体系的依赖，显示了文化及其发展历程对人类进化的指导性作用。"[①] 这也就意味着文化因素和生物属性之于人类，并不是简单地前者累加于后者之上，或者前者在时间顺序上晚于后者，而是两

---

① 克利福德·格尔茨：《文化的解释》，韩莉译，南京：译林出版社，2014年，第60页。

者在人类的进化过程中，彼此重叠、难分主次地共同发挥作用。

对于维持人类生命生存的饮食活动而言，其不可规避的恒常性、重复性，使之在人类诸多活动中占据着基础地位，生物性与文化性在其间重叠交织、共同作用，也因此造就了人类饮食区别于其他所有生物的特性，即人类的"食物"是一种特殊的"物－符号"二联体——既是满足果腹需求的"物"，也是承载着文化意义的"符号"。

关于符号的定义，符号学者赵毅衡曾在《符号学：原理与推演》中表述道："符号是被认为携带着意义的感知。"这一定义意味着某一文化群体意义选择的"食物"已经是一种潜在符号，即拥有被解释出意义的潜力。而实际上，在历史演进的过程中，这种潜力也确实被不断地证实，最初的"食物选择"在群体重复的过程中不断获得合理性，饮食的文化意义也不断累加，甚至成为指向这一群体身份的符号。正如对法国人而言，食用蜗牛是一种选择偏爱，尽管这种"偏爱"对于文化他者而言显得难以理解。公元前 4 世纪时，蜗牛已出现在罗马人的餐桌上，当时野生蜗牛由于数量众多，因此只是作为家常菜而存在，随着时间的推移以及数量的锐减，这道菜肴在法国变得愈发名贵，最终成为有钱人在隆重场合享用的佳肴，甚至进阶为法国的"国菜"。从被选择为"食物"到"成为国菜"，在重复食用的过程中，蜗牛之于法国人的文化意义也在不断累积，从满足生理果腹需求的"物"，一度转变为文化圈内标示阶层身份的符号，甚至对异文化圈的他者而言，蜗牛能够成为法国饮食文化的重要标识。

从满足生物需求到携带文化意义，饮食展现了其在"物"与"符号"之间滑动的张力。"它可以向纯然之物一端靠拢，完全成为物，不表达意义；它也可以向纯然符号载体一端靠拢，纯为表达意义。"① 饮食是人类生命生存中不可缺失的一环，同时也是"物－符号"二联体的典型，既作为单纯满足生理需求物质，也能够成为纯然传递意义的符号，甚至摒除被食用的可能，趋向彻底的符号化。而在这两个极端之间，则是人类日常生活中的常态饮食，即食物在"物"与"符号"之间滑动，同时满足生物与文化的双重需求，成为"食用－表意"的联合体。

---

① 赵毅衡：《符号学：原理与推演》，南京：南京大学出版社，2016 年，第 27～28 页。

## 二、食物作为符号的表意机制

食物的社会符号价值，其实早在 1939 年理查兹的《北罗德西亚的土地、劳动和食物》中已有细致论述。食物在特定社会中扮演着满足生理需求与文化表意的双重角色，拥有生物性和文化性的双重特质，这无疑已获得现实经验与学理研究的共同认可。然而，在食物被认知为具有意义表述功能的同时，其与意义之间的连接机制，仍需进行进一步探究。换言之，饮食符号与其寓意之间究竟依靠什么建立起关联？

在这个维度上，几近贯穿了所有的中国传统节日、且又呈现出差异化与丰富性特征的节令食俗，在满足人类身体生理需求的同时，也为探究饮食符号与其意义间的连接机制提供了可寻的痕迹。就"节"而言，《说文解字》有言："竹约也。从竹，即声。"① 本义为竹子分枝的关节，在时间层面上衍生出时节、节日的含义。这种分节的特性，并非物理时间的内在属性，而是一种人为印刻在物理时间上的区隔符号。从发生学意义上看，节日大致可以分为三类，"要么跟节令农时有关，要么跟宗教神话有关，要么跟政治事件有关"②，而中国的传统节日主要涉及前两种，更准确地说，是关涉节令农时，或在节令农时基础上演绎出的神话历史传说。因此，节令农时在一定程度上即中国传统节日生成的根基。节令，即中国传统的岁时体系；农时，即中国传统农业社会的生产生活时序。节日、岁时体系、农业生产由此构成一种层层回溯的关系，中国的传统节日依附于岁时体系，后者又建基于农业文明的生产生活节奏，而这种生产生活最基础层次的目的，即保障人类的生命生存。换言之，中国传统节日的源起，与饮食活动紧密相关。

因此，过"节"，实际上就是度过一个特殊的时间"节"点。索绪尔在论述语言符号时指出，"在语言出现之前一切都是不清晰的……只是混沌不分的星云"，在这个意义上，"人的世界"正是依靠符号区别于"物理世界"。人在使用符号的过程中，"不再生活于一个单纯的物理宇宙，而是生活在一个符号宇宙中"③。节日，作为一种民族、国家印刻在物理时间上的人文符号，在提醒时间流逝、节气转变的功能之外，还意味着一种文化时间的"创造"——这种文化时间既内嵌于线性流逝的物理时间之中，又通过系列人文符号活动模塑

---

① 许慎：《说文解字》，北京：社会科学文献出版社，2006 年，第 242 页。
② 刘东：《有节有日》，《读书》，2001 年第 10 期，第 87 页。
③ 恩斯特·卡西尔：《人论》，甘阳译，上海：上海译文出版社，2013 年，第 43 页。

着人类对时间、生命和世界的认知。

中国的岁时体系将不可逆转的物理时间纳入往复的循环之中，建构起传统的人文时间体系。农业时序中依时栽种、培养和成熟的"食材"与特定的节日食俗间有着天然的关联，在时节的周期运转中，特定饮食与特定节日间的相关性不断增强，两者的文化意义也在时节的重复中获得累积。这些节日食俗在展示社会文化、民众心理、民族情感和价值观念的同时，也为探究符号意义连接的深层机制提供了空间。

祀贤祭祖、驱祸呈祥、希冀圆满、求子求福，构成了中国传统节日饮食的主要托意之所在，特定的饮食对应着特定的寓意，这种符号与其意义之间的连接有时显得"无从解释"，有时却似乎"理应如此"。面对符号与意义的连接机制问题，语言符号学家索绪尔以语言为典型符号，坚持认为两者的结合方式由社会习俗所规定，呈现出"任意武断"（arbitrariness）的特性，因此不必也不可能进行论证。

而自始就不将符号局限在语言范围内进行研究的皮尔斯，则坚持符号与其对象之间本有的"理据性"（motivation）关联，并依照理据的不同，将符号划分为像似符号、指示符号，同时承认社会规约在符号表意中扮演着重要角色，提出规约符号（也即索绪尔所说的"任意武断"符号）。在人类的饮食活动中，饮食符号有时呈现出明显的理据性特征，以像似性连接起民族心理，以指示性连接起时节转变；有时又显得"任意而武断"，需要借助社会文化的规约才能保障表意的顺利进行和有效延续。但在更多情况下，饮食及其符号意义的连接乃是"理据"与"规约"的协同作用。

（一）理据性连接

1. 像似符号

部分饮食符号与其寓意之间具有明显的"像似性"关联。以中国传统节日食俗为例，清同治年间江西《乐平县志》言："十四日，夜以秫粉作团，如豆大，谓之'灯圆'。享祖先毕，少长食之，取团圆意。"① 元宵以形状上的团、圆连接起家庭"团圆"、生活"圆满"之意。这种借由"形似"获得意义连接的逻辑，在传统中秋节的"送瓜"习俗中也获得证实，《湖南衡州风俗记》云：

中秋夜，衡城有送瓜一事。凡席丰履厚之家，娶妇数年不育者，则亲

---

① 丁世良、赵放：《中国地方志民俗资料汇编·中南卷》，北京：北京图书馆出版社，1991年，第1063页。

友举行送瓜。先数日于菜园中窃冬瓜一个，须令园主不知，以彩色绘成面目，衣服裹于其上若人形，举年长命好者抱之，鸣金放爆，送至其家。年长者置冬瓜于床，以被覆之，口中念曰："种瓜得瓜，种豆得豆。"受瓜者盛筵款之，若喜事然。妇得瓜后，即剖食之，俗传此事最验云。①

"彩色绘成面目""衣服裹于其上若人形"，这种视觉层面的形象像似具有一种直观感，饮食符号与其寓意间也显现出"自然而然"的关联。此外，像似性也并不仅限于此，任何感知都有作用于感官的形状，因此任何感知都可以找出与另一物的像似之处，换言之，"像似，可以是任何感觉上的"②，而不只停留在视觉层面上。符号学者莫里斯曾指出，像似符号与对象之间是在"分享某些性质"，即符号与对象之间仅需要部分像似，符号仅再现对象的某种品质。在这个意义上，节日"送瓜"的习俗，正是以"瓜之多子"的品性勾连起"多子多福"的希冀。而往往被视为"谐音寓意"的节日饮食，实际上可以理解为负载了某种意义的语音形式（某种饮食），刺激了主体意识中负载另外含义的相似语音形式（某种祝愿）。通过这种语音形式的像似，符号与其对象建立起连接。

湖南《巴陵县志》有云，"'元夜'作汤圆，即呼食元宵，圆元语同，又有完了义"，清代《安陆县志》记载元旦食黍糕的习俗时，亦曾言"村中人必致糕相饷，名曰'年糕'"，意在"步步登高"③，这些也是节日食俗作为语音像似符号的例证。不仅如此，民国《汉口小志》中也曾论及春节时期饮用元宝茶的习俗，言"拜年客来，多留吃元宝茶，或摆果盒以待"④，果盒多置红枣、花生、糖糕、柿饼之类，皆是通过语音像似（或同时拥有语音像似和形象像似）寄意事事如意、早生贵子之愿。这种饮食符号与其对象之间的像似关系，隶属于一种理据性连接，而这种理据性连接起的符号表意又映射出传统的民众心理，携带着明显的传统文化价值观。

2. 指示符号

传统的饮食活动往往依附于生态节气的时间特性，呈现出依时而食的自然特征，这意味着特定饮食与特定时间之间存在对应关系的可能。换言之，部分

---

① 胡朴安：《中华全国风俗志·下》，长沙：岳麓书社，2013年，第614页。

② 赵毅衡：《符号学：原理与推演》，南京：南京大学出版社，2016年，第76~77页。

③ 丁世良、赵放：《中国地方志民俗资料汇编·中南卷》，北京：北京图书馆出版社，1991年，第348页。

④ 丁世良、赵放：《中国地方志民俗资料汇编·中南卷》，北京：北京图书馆出版社，1991年，第320页。

饮食符号与其对象之间由于时间上的"相邻性"，而拥有了一种"互相提示"的关系。正如某些食物只有在特定的节日里品尝才是美味的，因为它们的意义就被"限定"在那个时节范围，意义的缺失在某种程度上会影响味觉感官的愉悦性，反之，意义的累加也可能引发更为丰富的感官体验。

中国传统节日与饮食紧密相连，几乎每一个传统节日都伴随以特定的食俗。端午食粽，载于晋时周处《风土记》："五月五日，以菰叶裹黏米煮熟，谓之角黍，以象阴阳相包裹，未分散也。"《荆楚岁时记》亦称"夏至节日，食粽"，仅将粽子作为一种顺应夏至时节的吃食。换言之，粽子最初只是一个提示阴阳相争、时节转变的符号，一个夏至时节的指示符号。根据符号学家皮尔斯的定义，指示符号即"符号与对象因为某种关系因而能互相提示，让接收者能想到其对象"[①]，粽子正是依靠与端午节在时间上的邻接关系，而成为内在于端午之中的饮食习俗，它的出现也能让社会群体自然地联想到端午时节的到来。

传统的七夕源于早期农业生产的观象授时活动，牵牛、织女作为星象意味着夏秋时令的转换。《夏小正》中言七月"初昏，织女正东向"，《诗经》中言"七月流火"。七夕时节陈设瓜果、食用巧果的习俗，是由于七月本就是瓜果成熟的季节，汉代《春秋合诚图》言："织女，天女也，主瓜果。"在观象授时、耕种收获的农业社会，依时而熟的瓜果由此拥有提示时节转变的功能，而后附会的爱情传说使得巧果演绎出多样的物质形式与文化意义。此外，寒食清明的冷食习俗，在纪念介之推的故事出现以前，乃是提示季春之时、节气转变的符号，熄火冷食、改生新火，之后春耕春种、万物生长。

（二）规约性连接

符号与意义之间的连接依靠社会的约定，被称为规约符号[②]，即索绪尔所强调的任意武断性。索绪尔认为任意性是"语言符号本质的第一原则"，即符号与意义之间的连接既不需要逻辑联系，也不需要社会心理上的理据，而是任意武断性的连接。符号与意义之间没有自然的联系，符号表意依据系统。这种立足于语言符号的理论表述，在面对非语言表意的食物时，便显现出一定的局限性。饮食符号表意的理据性有时十分明显，无论是部分依靠像似性连接起社会文化与民族心理的节日食俗，还是借由时间上的相邻性而提示时节转变的指示符，都具有明显的理据性特征。然而，即使是认定理据符号居多的皮尔斯，

---

①　赵毅衡：《符号学：原理与推演》，南京：南京大学出版社，2016年，第80页。

②　赵毅衡：《符号学：原理与推演》，南京：南京大学出版社，2016年，第83页。

也承认很少会有纯理据符号。在人类的饮食活动中，依靠社会规约建立意义连接的食物符号，并不在少数。

在中国传统的节日食俗中，端午食粽以祭祀屈原、清明寒食为纪念介之推、七夕巧果与牛郎织女的爱情传说，都很难在理据层面上找到解释，却带着明显的规约性。实际上，即使是依靠理据连接的饮食符号，在成为节日习俗的过程中多少也需要社会规约在其间发挥效用。因为规约，是"任何符号多少必定要有的品质，无论什么样的理据性，解释时依然必须依靠规约，否则无法保证符号表意的效率"①。

特定饮食的符号寓意在社会中的横向传播与纵向代际传承，都需要规约的协助，也正是在这个意义上，某种饮食习俗得以成为一种"约定俗成"的社会现象。在淮北地区，馒头不仅作为日常主食存在，还在节日、婚丧嫁娶等非日常的特殊活动中用来祈福、祭祖。春节时期，淮北地区的居民通常会置备从大年三十到正月十五分量的馒头，认为正月里馒头越多、吃的时间越长越好，因为馒头作为主食象征着家庭在新的一年里的福气和运气。民俗学者周星曾在《南方汉族民俗中的谐音现象》一文中提及，浦江一带正月十五要吃馒头，因其谐音"发"，寓意家业兴亡、子孙团圆。尽管淮北地区春节置办并长时段食用馒头的习俗是否与谐音寓意相关，尚有待详细考证，但这种地方性节日食俗的形成，无疑是在群体的约定与重复行为中获得延伸的生命力。

此外，中秋时节食用月饼的习俗，至迟在明代已出现，作为中秋祭月、亲友相遗之物，田汝成《西湖游览志》中言："八月十五日谓之中秋，民间以月饼相遗，取团圆之意。"② 这种中秋佳节、食用月饼、亲友团圆之间的关联自确立之后，在中华文化圈内代代传承，自古至今的广泛民众并不思虑这种关联是否"合理"，也并不怀疑为何选择"月饼"而非他物，这种无须思考的认可与遵守，正是由于社会规约保证了隶属于这一文化圈的群体对这种意义连接的自然认同。当族群选择一种饮食，可能只是惯习使然。因为"一向如此"，便不需要更多理由来解释或支撑这种行为，也无须努力寻找行为好恶背后的深层逻辑，更不会对饮食口味及寓意的兼容性表示疑问。在食物美味与否的标准中，有多少是生理自然因素在发挥作用，又有多少是文化建构的？这其间无疑存在着广阔的解释空间。

规约，是社会的约定，自然具有明显的效用边界。正如青海藏族饮食习俗

---

① 赵毅衡：《符号学：原理与推演》，南京：南京大学出版社，2016 年，第 84 页。
② 田汝成：《西湖游览志》，陈志明编校，北京：东方出版社，2012 年，第 372 页。

的特点之一，便是不吃青海鱼。由于对青海湖的敬畏之心，他们拒绝将青海鱼纳入饮食的范畴，这种关于饮食范畴的特殊约定具有明显的族群性边界，居住在青海湖周边地区的蒙古族和汉族群体并不受此规约的限制。"清道光时期，居住在青海湖周围的蒙古人已用钩钓鱼，光绪年间，每年冬季前后，有蒙古人到青海湖'捞取湟鱼，到丹城（今湟源）出售，销路最广'"①，这种捕捞活动在民国时期也并未停止，1938 年，孙建初所著《青海湖》一文记载了"湟源一带居民乘暇前往，以手捕获，干之以待售"② 的现象，可见，当时捕鱼已发展成为青海湖周边地区蒙古族、汉族人民的一种零星副业生产。青海鱼的神圣意义，在跨越族群边界后失效。

不仅如此，当异文化圈的个体面对中国传统节日的习俗寓意时，规约性同样呈现为部分失效。他者呈现出的"惊讶""好奇"与文化圈内群体"无意识地认同"相对，显现出社会规约的界限。这种界限不仅体现为空间层面的区域边界，也呈现出时间性，即使在同一文化圈内，随着社会的发展、文化的变迁，这种规约表意的有效性也会受到影响，符号与其意义之间的连接可能趋于增强，也可能逐渐衰退。

（三）理据性与规约性结合

食物作为文化符号不仅依靠自身的理据性进行表意，更是文化语境中的叙事。"吃"是一种选择，拥有超越纯粹生物性行为的社会意义，可以与其他社会行为结合、代替、互文，从而凸显出更为复杂的文化社群内涵。饮食符号与其意义之间，实际上既有因像似性、指示性而形成的理据性连接，亦有社会约定俗成的规约性连接，"很少会有纯理据的符号"，文化活动需要规约确保表意的效率。

不同社会的规约传统与各自的历史、文化背景相关，正因如此，同一食物符号在不同的文化中可以表述完全不同的意义。以文化之眼看符号意义连接，所见的部分并不相同，各文明社会的规约亦各有差异，人类的饮食活动也因此呈现出愈加丰富化、多样化的形态及内涵。在客家婚礼饮食行为中，男方在婚前会以礼钱或食物的形式对女方家庭进行补偿，其中一对红烛、两瓶酒、一对猪腿（分别赠送给女方的媒人和外婆）是主礼，称为"五味"（客家话谐音）。

---

① 青海省地方编纂委员会：《青海省志：农业渔业志》，西宁：青海人民出版社，1993 年，第387 页。

② 转引自青海省地方编纂委员会：《青海省志：农业渔业志》，西宁：青海人民出版社，1993 年，第388 页。

这里的数量和内容，不能有丝毫的差池，甚至在切割和重量上也有讲究，即切割时须顺猪头到猪尾的方向进行分割，重量须带有八或九的尾数，以喻示这对新人的婚姻能长久长顺。与一般谐音寓意或形象相似的食物符号相比，"五味"是一种更深层和复杂的文化符码，即以仪式场景中的切割数量与形式的瞬间行为置换为新婚夫妇对历时性婚姻生活的追求与希望。这种食俗在客家婚礼中重复出现，符号表意的顺利进行依靠的是理据与规约的共同作用。①

## 三、文本的组织：双轴操作

单个食物符号依据理据性与其对象连接，或同时借助社会符号系统进行表意行为。而当食物符号依据一定的规则彼此组合，形成"合一的表意单元"，则成为饮食文本。尽管就字面而言，"文本"一词具有浓厚的"语言文字"之意，但实际上，文本并不仅指文字组合，而是可以由任何符号组合构成，只要"一定数量的符号被组织进入一个组合中，让接受者能够把这个组合理解成有合一的时间和意义向度"②，即构成"文本"。在这个意义上，饮食符号彼此组合，被饮食者或其他参与者解读出合一的表意，自然也构成饮食文本。作为烹调的结果与进食的对象，饮食文本的构成涉及"符号被组织"与"接受者理解"两个方面，并呈现出明显的双轴操作痕迹。

所谓双轴操作，即组合轴操作与聚合轴操作。依据这两个向度，符号组合形成合一的表意单元。"任何符号表意活动，必然在这个双轴关系中展开。"③双轴观念最早由索绪尔提出，所谓组合是指符号组合成有意义的文本的方式，而聚合则隐于文本组合之中，"是符号文本的每个成分背后所有可比较，从而有可能被选择，即有可能代替被选中的成分中的各种成分"④。这种取代是指在符号文本系统中的结构性取代，即两者占据同样的位置，一者可以取代另一者，但就单次操作过程而言，选择某一个，也就意味着排除了其他。

双轴是符号文本的组织方式。日常生活的饮食活动无时无刻不在这个双轴的操作下进行，菜色、主食、甜品、饮品共同作为一个文本进行表意时，正是在组合与聚合的双轴操作下进行的。饮食文本的形成依赖双轴，每个餐厅所提供的或繁或简、形式不一的菜单，正是一种典型的双轴操作。餐厅负责人综合

---

① 石奕龙、谢菲：《客家婚礼饮食行为的社会记忆与象征隐喻——以广西博白县大安村为例》，《中南民族大学学报（人文社会科学版）》，2013年第7期，第33页。

② 赵毅衡：《符号学：原理与推演》，南京：南京大学出版社，2016年，第42页。

③ 赵毅衡：《符号学：原理与推演》，南京：南京大学出版社，2016年，第156页。

④ 赵毅衡：《符号学：原理与推演》，南京：南京大学出版社，2016年，第157页。

考虑市场需求、食料供应和厨师水平等因素，挑选比较各种菜肴构成品类，如"头道""凉菜""热菜""主食""小吃""饮品""配料"等，各品类之间又彼此组合形成完整菜单，此为一度双轴操作。而当菜单递交至顾客手中时，客人从各个品类中再次选择部分菜肴，组合构成最终呈现在餐桌上的饮食文本，是为二度双轴操作。

不仅文本的形成需要双轴操作，文本的解释同样需要接收者的双轴操作。接收者深入理解文本，探查饮食文本背后隐藏的聚合操作及其偏重，由此可以探索饮食文本的构成原因，进而探索与之相连的社会文化。这种文化既与地域环境相关，又与经济权力相连。

接收者面对的一桌餐饮，是已经完成双轴操作后的饮食文本。"就一次运作过程而言，文本一旦组成（例如一桌菜点完），就只剩下组合搬上桌来。"[1]接收者所能够直接感知到的也只有"组合"，至于那些原本可以被选中，却又未被选上的聚合系，则隐藏于文本之后。然而，如果接收者试图深入理解文本，就不仅需要感知这份"已完成形态"的符号组合，而且需要了解那些聚合系上未被选中的其他成分。究竟是基于何种意义标准，选择了这一份菜肴，而非其他可替换品？每份菜肴背后的聚合系选择范围是大是小？这些未直接显现在饮食文本中的聚合因素，从反面证实了人类饮食活动中的某种意义考虑和追求。

2018 年引起社会热议的西郊 5 号餐厅的"天价"菜单，实际上再现了一份双轴操作后的饮食文本，这之间的选择、排除和组合最终指向了"天价"背后的财富和道德争议。就饮食文本而言，其一旦形成，聚合轴便退出操作，而那些本可以被选择却最终未被选择的选项，也随即隐匿于"已形成"的文本之后。正如这份"天价账单"，直接再现的只有被顾客"选中"的菜肴，包括"头道"黑白顶级鱼子酱、"主菜"野生大黄鱼 7.4 斤、清酒冻半头鲍、鲍汁扣花胶、清蒸长江蟹、堂灼野生大响螺 8.6 斤、极品宫崎牛排、鳄鱼尾炖汤、脆皮乌参、榄肉水鸭，以及冷菜、点心等 20 道菜品，虽然就餐人数仅 8 人，但总消费金额超过 40 万元。

值得注意的是，与餐厅所提供的日常供客菜单相比，在"天价"的结账单中只有冷菜品、点心以及脆皮乌参等少数菜肴属于该菜单之列，核心主食如"大黄鱼""半头鲍"等均属于私人定制，其食材外购。特别是在该餐厅原菜单中即有"超级一头鲍"（单价 3800 元，原菜单最贵菜品）的情况下，饮食者仍

---

① 赵毅衡：《符号学：原理与推演》，南京：南京大学出版社，2016 年，第 158 页。

选择私人定制"半头鲍"（单价 12800 元）。尽管原菜单中菜肴并没有被"选中"，没有成为饮食文本组合的成分之一，但作为参与了比较和选择过程的聚合因素，依然在文本中留下了痕迹。正是在餐厅原菜单和人均消费 800～1000 元的对比下，这份超过 40 万元的"天价"菜单显示的不仅仅是奢宴和财富，其中的"私人""定制""珍稀"的属性和餐食背后的社会身份更是特别凸显。

价高而珍稀的饮食，满足的不仅是生理饥饿或味觉享受，这之中更关键的，应该是与高价、珍稀对应的身份快感。享受珍品，在一定程度上意味着享受经济地位或权力控制。什么等级的客人享用什么等级的菜肴，与"天价"菜单的饮食组合及隐藏的聚合选择形成对比的，是中产阶层的精致饮食，小康阶层的半精细化，以及温饱层的不择食，因为穷人做菜的方式，是穷尽食材所有"可食"的部分。

## 第二节　全文本表意

### 一、伴随文本

"单纯的食物和饮食并不能真正建立关系网络，需要通过特殊的形式、程序和媒介才能起作用。"[①] 在日常饮食活动中，即使是通过组合和聚合双轴操作后的饮食文本，也多是与其他诸多因素协同完成表意活动。此外，组合与聚合的双轴操作存在于符号组织与解释两个维度，因此，文本应当是在符号组织与解释的关联中形成，这就意味着文本的边界并不仅是符号组织的产物，其在很大程度上取决于接收者的解释。接收者的意义构筑方式使文本的意义最终得以落实，换言之，凡是进入接收者解释维度的因素都会成为文本表意的一部分，这种伴随着核心文本表意的附加因素，被称为"伴随文本"。"应当说，所有的符号文本，都是文本与伴随文本的结合体"，任何对于符号文本的解释，都应该看到它与其他文本的关系。伴随文本的携同表意是任何文化文本所无法避免的，它积极地参与文本意义的构成，使得文本"不仅仅作为符号组合，而是一个浸透了社会文化因素的复杂构造"[②]。任何文本都是文化中的文本，而伴随文本正是文本与文化的联系方式，它将作为符号表意的文本置于文化的语境中，影响甚至决定文本的最终意义。

---

① 彭兆荣：《饮食人类学》，北京：北京大学出版社，2013 年，第 71 页。
② 赵毅衡：《符号学：原理与推演》，南京：南京大学出版社，2016 年，第 148～151 页。

　　在人类饮食活动中普遍存在的伴随文本现象，是其区别于其他生物进食的显著特征，显现出人类饮食活动的复杂性与饮食文本意义的丰富性。也正是借助文化语境的规定性，符号文本才可能被"恰当"地理解。在人类的饮食活动中，菜肴的命名、饮食器具的演进发展、进食的语境场景、食客与宴席表演、就餐座次与礼仪等都是围绕着核心食物的伴随文本，协同甚至是决定着饮食文本的最终意义，呈现出人类活动中关于饮食而又超越饮食的社会文化面貌。

　　（一）命名

　　菜肴的命名是人类饮食独有的现象，在一定程度上可以被视为人类饮食符号化的起点。《荀子·正名》有言："名者，所以期累实也。"命名之初，"累实"是第一要务。钱锺书亦言："曰'名'，谓字之指事称物，即'命'也……字取有意，名求传实。"换言之，"名"是一种语言符号，而明确地指向其对象，则是命名的首要目的。日常生活中常态化饮食的命名，也大都秉持着这个原则，食物之名清晰地传递出关于食材本身的信息，甚至对烹调过程（如炒、炖、凉拌、油炸）作出简要说明。

　　恩斯特·卡西尔在《人论》中表示："没有名称的帮助，在客观化进程中取得的每一个进步就始终都有在下一个瞬间再度失去的风险。"① 命名不仅是一个语言问题，借助命名，围绕着饮食的知觉和情绪都因一个焦点而变得具体和清晰。对食物的命名，是其符号化的关键一步。尽管"累实"是命名的重要原则之一，但荀子也同样强调了"约定俗成"的力量："名无固宜，约之以命，约定俗成谓之宜，异于约则谓之不宜。名无固实，约定俗成谓之实名。"换言之，作为语言符号的"名"，并不需要全面地、必然地反映符号对象的全部属性，而只需要部分属性，甚至只需要借助文化符号系统的力量即可。

　　因此，语言符号与其对象之间并没有必须遵循的法则或固定的模式。命名的过程不仅是一个"传实"的过程，更是一个赋义的过程，经过命名的事物拥有了名称，也由此完成了从纯然之物向意义对象的转变，文化符号系统的解释甚至能够赋予"名"更丰富的社会性意义，因为"命名的过程改变了甚至连动物也都具有的感官印象世界，使其变成一个心理的世界、一个观念和意义的世界"。

　　不仅如此，菜肴的名称还是一种常见而典型的饮食伴随文本，任何菜肴都需要一个名称来进行指代与说明，以帮助饮食者获得对所食之物的清晰认知。

---

　　① 恩斯特·卡西尔：《人论》，甘阳译，上海：上海译文出版社，2013年，第226页。

"狗浇尿"是一道著名的青海小吃，曾在 2010 年上海世博会期间广受欢迎。该小吃是由未经发酵的面团擀成薄饼烙成；在烙的过程中，用尖嘴壶浇上几圈清油，正反面烙好即成，因浇油状如狗撒尿，故得此名。虽然食物的名称确实不雅，但在实际的饮食活动中，不雅的命名却为食物营造了特殊的、"接地气"的语境氛围，反向促进了小吃的品牌化。

名称与菜肴一起完成饮食的符号活动，特殊化的命名往往蕴藏着超越饮食的文化意义。不论是猎奇的俗话命名，还是寓意高雅的命名，在这个过程中，饮食的名称与其对象之间并不总是拥有一种全面的、清晰的连接关系，而是一种片面甚至"远距离"的指称。饮食的命名，并不需要详尽而具体地指称饮食对象的全部，而仅需选择性指向某一个方面。片面化的感知不是消极怠慢，而是积极地从繁多无序的感觉信息中提取某种核心。饮食的"名称"甚至可能并没有提供太多关于饮食本身的信息，而是寄寓了饮食之外的诉求。故宫"万寿无疆展"中曾展出"乾隆六年皇太后五旬万寿食谱"，其中"长乐南熏"（火熏鹿筋肥鸡）、"三岛留仙"（猪肉三鲜面）、"祥征五德"（海蜇炖鸡）、"延年益寿"（鸭馅桃）、"福禄永绥"（五香肉鹿尾），作为万寿膳食的名称，显然并没有多少关于食物食材本身的信息，更多的是指向长寿安康的文化意义。比起满足身体在生辰之日的生理饥饿，这种通过饮食名称所传递的符号寓意，才是万寿膳食更为重要的目的。

现代社会的饮食同样展现出这种命名的特征。"皇家大菱鲆巴克斯风味牛肉奥尔良烤翅"，其所冠以的地点并不指向食材的产地，也并不代表该地区的饮食风味；而其所冠以的身份更不能表明该食物的所属阶级。这种饮食的命名之初，所呈现的是接收者对饮食之外的"意义渴求"，即对某一地域或某种身份地位的向往，而这种向往隐藏在饮食的名称之中，餐厅借此满足消费者隐秘的渴求，并从中获取经济效益。

## （二）包装

附着在食物之上的包装，也是人类饮食活动中的典型伴随文本，并在相当程度上决定着接收者对食物的解释方式。2013 年福州一则"天价茶叶被用于煮茶叶蛋"的新闻在网络上广泛传播，从反面证实了伴随文本对意义解释的决定性作用。在这则新闻事件中，丈夫喜爱喝茶，家里茶叶众多且多有漂亮的礼盒包装，因此妻子在衡量后选择了一包"不起眼的"用牛皮纸裹着的茶叶来煮蛋。据悉，该茶叶实际上是丈夫从茶友手中难得交换的武夷山牛栏坑肉桂，因产量稀少，且茶香浓郁、口感醇厚，市价常在 8000 元/斤以上。① 不起眼的牛皮纸与漂亮的礼盒都是附加在茶叶上一同发送给接收者的附加因素，虽非核心文本，却直接促使接收者解释出截然不同的意义，牛皮纸所传达的"质次"深刻影响了接收者对茶叶等级的判断。

伴随文本对符号文本意义解释的严重影响，为食品包装构筑起巨大的市场空间，催生出个性化、精致化、多样化的包装产业。鉴于食物本身的相对同质性，以及食物品质的优劣难以在直观层面上进行判断，在激烈的市场竞争中，食品包装的差异几乎决定性地影响着该食品在市场中的接受度。换言之，食物本身藏在精心设计的包装之下难以窥见，包装虽然只是伴随文本，却在符号接收过程中发挥着重要甚至决定性的作用。食物（核心文本）品质的竞争转变为包装（伴随文本）的竞争。

在消费过程中，食品包装刺激着购物者的感知，并诱导购物者对该食物产生供应方所期待的认知，包装不仅发挥着保护食物、方便运输的作用，在向消费者传递食物品质、特性、规格等因素的同时，还直接参与着消费者的购买决策。正是由于对销售的刺激作用，包装虽然仅是附加在食物上一同出售的伴随文本，却演绎出种类繁多的精致设计，甚至可能"喧宾夺主"，掩去了对原本作为核心的食物本身的关注。

大型超市货架上令人眼花缭乱的食品包装证实了这一点，可口可乐的昵称瓶、白酒品牌江小白的 12 星座瓶等，都是借助包装向消费者传递"个性""年轻""趣味"的信息，使得食品在同一品类中与众不同。不仅如此，差异化的食品包装也昭示了这些附加因素如何将食物与广阔的社会背景、经济市场和文化观念联系在一起，甚至趋向一种极端现象。近 30 年来，中国包装行业产值以每年 15% 左右的速度递增②，从"粗放"到"过度"，中国的包装行业从一个极端走向另一个极端，其中过度包装最为严重的产品集中于茶、酒及保健品领域，繁复华丽的包装向消费者传递着"高端"这一信息，以"至尊至贵""愉悦身心"的名号满足个体对食物之外的符号消费需求，也印证着伴随文本因素对饮食文本的重要性。

（三）食具

食具即饮食所用的器具，它包含了盛装食物的器皿和辅助性的用餐器具。

---

① 《8000 元/斤的天价茶叶被煮茶叶蛋》，http://society.people.com.cn/n/2013/1031/c1008-23385876.html. 检索时间：2019 年 1 月 20 日。

② 《我国包装行业的发展现状及投资分析》，http://www.chinabgao.com/k/baozhuang/14097.html. 检索时间：2019 年 1 月 20 日。

随着人类进食的主要方式完成从"口食""手食"到使用筷子、刀叉等工具的转变，食具逐渐成为人类饮食活动中密不可分的部分，参与着食物烹调的过程，与食物一起呈现在食用者的面前，并且生发出匹配、衬托或突出食物效果的文化观念。

食具在人类饮食活动中担负着"辅助性"的功能角色，炊具、餐具的出现和火的使用一起，标志着人类饮食真正进入文化的领域。布里亚·萨瓦兰曾提出，"请告诉我你在吃什么，让我来猜猜你是怎样的一个人"，将这句话语的有效性置换到食具层面，可以推演为"请告诉我你用什么吃，让我来猜猜你是怎样的一个人"。饮食确认着个体在社会、自然间的所处位置，而食具也是人与自然之间的文化链条之一，使用什么样的食具，以及采用何种方式用餐，能够揭示主体及其所属文化的部分特性。

南宋徐梦莘《三朝北盟会编》记载契丹人"食器无瓢陶，无碗箸，皆以木为盘。春夏之间，止用木盆贮鲜粥，随人多寡盛之。以长柄盛之，循环共食。却以木楪盛饭，木盆盛羹……饮酒无算，只用一木勺，自上而下，循环酌之"。普遍使用的木质食具以及循环共食的情况反映出契丹当时相对落后的社会发展水平，澶渊之盟后，宋与契丹通商，输入契丹大量的瓷、漆、金、银、玉等质料的餐具，契丹贵族转而"饮食佳酒，以金银器贮之"，餐具的差别成为等级的标志。在最具普遍性的饮食活动中，作为辅助性伴随因素的食具，却揭示出饮食主体及其所属阶级的基本情况，进而折射出整个社会文化的发展水平。

正因如此，食具不仅是实现自然欲望的工具，也是实现文化欲望和政治欲望的手段。中国饮食文化的显著特色之一，便是餐具传统与政治权力之间拥有长久而紧密的联系。不同的等级身份适用不同规格的餐具，这之间有着严格的界限，而侵犯界限往往意味着对等级秩序的直接挑战。食具中最具有政治色彩的无疑是"鼎"，作为早期社会中的重要食器，其三足两耳，用以调和五味。不仅如此，随着社会演进和阶级分化，鼎逐渐成为政治身份和权力的符号，"天子九鼎，诸侯七，卿大夫五，元士三也"，特别是其在祭祀仪式中常态化的出现，成为帝王尊严的象征性表述；正因如此，"问鼎中原"方成为企图夺取天下的隐喻。

作为辅助用餐的工具，食具与经济水平、文化观念之间有着对应性关联，这使得人类饮食活动愈加"成为一个浸透了社会文化因素的复杂构造"。与之相比，"猿类在面对不便吃到嘴里的食物时也会找到一个合适的物件（树枝），并通过这个媒介手段达到满足自己食欲的目的"[①]。从自然的角度而言，猿类

---

[①] 山内昶：《食具》，尹晓磊、高富译，上海：上海交通大学出版社，2015年，第75页。

所使用的这个物件就是食具，它辅助猿类完成进食的过程，但从文化的角度而言却并非如此，树枝完全受制于猿类的自然欲望，服从行为即时需求的支配，丝毫没有文化的因素参与其中。而人类的食具所呈现出的精细划分的种类，特意选用的差异化材质，镶嵌的装饰物与突出的设计感，特别是附着其上的符号化内涵，都诉说着人类饮食在生理需求与工具使用之外的文化欲望，以及对物质资源的判断和选择。

（四）宴席座次及就餐礼仪

食物的分享与共食并非人类的特性，自然界中不少群居性动物都有着明确的分工和分享性行为，只是这种行为在很大程度上属于一种基于生存考虑的本能选择，而非策略性、规划性的安排与独居动物的生存和捕食行为相比并没有跨越性的差异。在群体性饮食活动中，能够超越纯然生理的层面，依据某种规则对食用者的行为、座次等进行礼仪化的安排，是人类饮食活动独有的现象，也影响和模塑着人类饮食的多样化形态，体现出特定的价值评价尺度和某种社会身份期待。

"衣食既足，礼让以兴"，礼是社会生产生活发展至一定历史阶段的产物，"当礼从人与鬼神的沟通扩展到人与人的交际之后，饮食行为便会首先规范而形成种种食礼，贯穿在家庭生活和各种社会生活中"①。祭祀中的食礼重点往往在于鬼神享用的过程，以及参与者依据先尊后卑、先贵后贱、由多及少的原则接受鬼神返回的福祉；祭祀后的共食是一种普遍性的行为，群体共同而又差异化地分享食物，既是连接神与人的媒介，也是区隔人与人的符号。将这种仪式化场景中神、人尊卑有别的思想，延续到基础而日常的饮食场合中，食礼深刻参与着人类常态化的饮食活动，使其成为传达群体文化观念、等级身份和再现社会秩序的符号。

在众多民族中都存在敬老的饮食礼仪，年长者先饮先食，或者享用最好的食物部分、就座最高的座位次序等都表现出饮食的伦理性与秩序性。与长幼次序像似，宾主关系在饮食生活中也获得礼仪性展示，《礼记》中曾论及宾主进食之礼："凡进食之礼，左肴右胾，食居人之左，羹居人之右。脍炙处外，醯酱处内，葱渫处末，酒浆处右。以脯修置者，左朐右末。"餐食左右放置的规则，依据着中国传统社会以骨为阳、以肉为阴的观念。"客若降等，执食兴辞，主人兴，辞于客，然后客坐。主人延客祭，祭食，祭所先进，殽之序，遍祭

① 凉山州民族饮食文化研究会：《凉山彝族饮食文化概要》，成都：四川民族出版社，2002年，第106页。

之。三饭，主人延客食胾，然后辩殽。主人未辩，客不虚口。"主客身份差异所造就的食者用餐的先后、菜肴食用的顺序，以及对用餐举止的细节约束，都展示了人类饮食活动在相对初始阶段已具有的社会性和复杂性。至于《仪礼·乡饮酒礼》中亦指明堂上席位的次序：主宾席在门窗之间，南向而坐；主人在东序前，西向而座；介（陪客）则在西序前，东向而坐。随着明代八仙桌的流行，一席转为八人，但仍依据尊卑长幼的顺序就座，宴饮的座次安排直接对应着食者的身份等级。

宴席座次的等级化安排和考究的餐桌礼仪，不独是中国的传统。实际上，每个社会都会发展出一套自己特有的食礼体系。尽管各有特性，但关注一同用餐者的感受、精细程度不一的食物、相对和谐的就餐氛围与等级差异化的安排并存，是大体一致的追求。西方中世纪宴会中曾出现的"盐瓶标示"的现象，以另一种明显而强制的形式说明宴饮的等级性：特殊的客人将与主人坐在贵宾之席，席上有一只巨大的银质盐瓶，标志着用餐者的身份及其与主人关系的亲密程度；其他客人则坐在盐瓶的下席，与盐瓶距离相隔越远，意味着地位越低。食物供应的丰盛程度也以盐瓶位置为界，呈现出明显的差异。[1]

围绕饮食的仪礼规则，如同一层包裹着食物核心的外衣，其细致、繁复、程式化，虽然并未干涉食物本身，却于外在形态上决定着人类饮食活动的整体轮廓。共同用餐是一种社会关系的体现，这其间的座次安排、就餐举止的细节规则，约束了简单的天性冲动，让生理进食以更为凸显的姿态转为文化活动，进而被纳入社会的层级结构和等级秩序之中。

礼仪是一种经常被重复的行为，虽然由于重复和程式化而呈现出稳定性，但这并不意味着一成不变。人类创造了饮食礼仪，使之指导并服务于群体的需求，也让饮食与社会文化紧密相连。随着历史的发展，社会文化随之变迁，饮食礼仪也在逐渐转变中。现代礼仪越来越迫使个体的行为趋向随意，降低的礼貌标准和简化的礼仪，与以往繁复的程序规则一样具有强制色彩，用正式而传统的礼仪享用一份"快餐"，会被现代社会判定为不合时宜的做作。"不拘礼节""追求效率"更符合现代社会对平等、流动和私人空间的诉求，实际上，现代人也不会再使用传统的礼仪举止，因为文化而非本能，决定了多数人的行为方式，也决定了对个体行为是否合宜的评判规则。文化作用于社会群体，以一种潜意识的准则与约束，让群体自觉自愿地遵守它、认同它、维护它。

---

① 玛格丽特·维萨：《饮食行为学：文明举止的起源、发展与含义》，刘晓媛译，北京：电子工业出版社，2015年，第111—112页。

在人类的饮食活动中，食物的命名、包装、食具以及就餐的礼仪与座次安排等因素，以伴随文本的形态，帮助饮食活动与广阔的社会、历史和文化背景相连接。正因如此，一份相同的食材在不同文化背景中会转变为不同的食物形态，配合不同的食具，遵循不同的礼仪，进而折射出不同的民族心理与文化观念。作为核心文本的食物，与伴随文本一同完成"全文本"式的符号表意，支撑着饮食符号活动的合理进行。

## 二、全文本与隐含作者

文本与伴随文本的结合，并不仅仅是附加式的联系，在部分境况下，两者结合之紧密以至于无法分开做独立分析。将食物本身的搭配、组合与选择视为文本，或是将食具的品质、用餐的环境、餐桌上的礼仪等因素也纳入文本，与食物一同作为"表意合一"的整体，这之间的文本边界问题取决于接收者的解释行为，即接收者的意义解释暂停在何处，何处便是饮食文本的边界。

食物与相关附加因素的紧密结合，在仪式饮食活动中获得突出展示。比起食物自身依据理据或规约建立起的意义连接，仪式中诸多因素的协同作用，及其所建构的特殊的语境结构、时间和空间氛围，才是饮食符号化的关键。特殊的切割与分配规则，搭配相符的饮食器具以及程式化的誓词、动作，甚至音乐和舞蹈等因素，共同建构起一个特殊的情景结构，分离并区隔出饮食"世俗化"的使用性，为其创造出一种"神圣"而非常态的符号意义和价值，并由此发挥连接人与神鬼、人与人的符号作用，推进整个仪式活动的完成。

仪式是一种特殊场合，形体、声音、语言、器物表意合一，让日常性的饮食转变为特定文化体系中的符号展示与意义表达。如果没有围绕饮食的伴随文本及其构建的叙述语境，祭祀中的牺牲就依然停留于日常性食物的层面，逾越节餐桌上的饮食也只是物性上的可食之物；脱离了特定的位置安排、配套茶具和禅宗哲学的文化语境，一杯茶就只是一杯茶，而不再是特定文化系统中的符号性表述。因为饮食需要在语境中实现其表达与指示的文化价值，没有完全脱离语境的符号解释。

在中国黔东南地区的"构榔"仪式中，宰杀牲禽、饮鸡血酒所传递的族群意义，正是众多伴随因素合力作用构建叙述语境的结果。"构"即赌咒，"榔"即规约条规，所谓"构榔"就是议定规约条款时做出赌咒，若违反规约则赌咒应验。在构榔仪式正式开始前，村寨会按户收取规定数量的酒水，并收钱购买公鸡和肥猪各一，每户派男性代表参加仪式。过程中，猪被宰杀并按户均分，摆放在构榔台前，构榔主席宣读规约条款，祭师代表宣誓：

现在

构榔已定，道理说清

我们

杀猪吃肉，宰鸡喝血

不许妻子违，不容子女犯

各家各自管，个人各自觉

谁与众相违，触动榔规

他将魂同猪走，头似鸡落[1]

誓言毕，割开鸡颈并将鸡血滴至酒坛。祭师与构榔主席先饮，其他人则排队自构榔台前走过，喝下一碗鸡血酒，提走一份猪肉，以此言行表示规约生效而群体认可并遵守，如若违反将落得"魂同猪肉，头似鸡落"的下场。构榔仪式中的诅咒是否应验暂且不论，但这个围绕着特殊饮食的仪式，确实维护着族群的生产生活秩序和社会关系的有序运转。鸡血酒和按户均分的猪肉无疑是仪式的核心，其意义的生效却离不开"按户收取"的前提，以及宰杀及均匀的分配、宣读的誓词及集体排队行为的协同作用。正是在这些因素的合力下，日常化的猪肉、鸡血、酒水与族群规约建立起联系，而违背规约则与诅咒相联系。

由于仪式结束后，男性将均分的猪肉带至家中与妻子、子女共食，构榔的约束力借由猪肉扩散至整个族群。从构榔接收者的角度而言，规约的生效源于仪式的整体作用，环节与环节之间无法割裂，甚至每个环节都同等重要，一起为"诅咒"的效果负责。因此，解释者在面对"猪肉"等核心食物文本时，面对的也就不仅是纯然的可食之肉，而是作为文化语境中的个体自然地吸纳了仪式中其他相关因素进入解释。正是这些为解释意义负责的全部因素之集合，最终构成了构榔的全文本。

实际上，不仅是非常态的仪式活动，在日常的饮食符号活动中，多数的行为也都属于一种全文本式的表意。"全文本"是所有进入解释的文本因素的集合，在这个意义上，"凡是进入解释的伴随文本，都是文本的一部分，与狭义文本中的因素具有相同的价值"[2]。在人类日常生活的饮食中，作为核心文本的食物吸纳伴随文本进行表意是一种常态，在部分情况下伴随文本的表意功能与作为核心文本的食物同样重要，甚至更为重要。食物器皿是构成全文本表意

---

① 李炳泽：《多味的餐桌：中国少数民族饮食文化》，北京：北京出版社，2000 年，第 136～137 页。

② 赵毅衡：《哲学符号学：意义世界的形成》，成都：四川大学出版社，2017 年，第 125 页。

的重要组成部分，食物的种类与品质对应于相符形状与材质的食器，口味的变化与宴会的特征都应该通过特殊的食器表现出来。更为典型的例证是日本传统的茶道会，茶具器皿、艺术装饰、怀石料理以及精致的茶室空间构成全文本进行表意，以"形而下之器"载"形而上之道"。

　　既然文本的"完整性"是接收者构筑的产物，那么文本意义的实现便涉及"隐含作者"的概念，即接收者从文本中推导归纳的一套意义与价值的集合。隐含作者是一种拟人格，常态化地出现在文学叙述研究之中，但实际上，不仅是文学叙述，任何符号表意文本，无论以何种形式进行"叙述"，只要涉及价值观念、伦理道德或身份问题，都必然会构筑起一个隐含作者。"这个体现隐含意义与价值的拟人格，依靠接收者从符号全文本中归纳出来，因此是普遍的，是可以从任何符号表意活动归纳出来的"①。所以，饮食全文本的表意也必然存在一个隐含作者，其所传达的意义与价值观展现着人类饮食活动的复杂性，也展现着饮食与财富、权力、情感、道德的密切关联。

　　阶级社会中必然存在的等级结构，以及不同等级间差异化的社会生活形态，反映在饮食全文本中，便是食料、技艺、排场、座次和整体氛围营造等方面的差异化特征。社会等级结构决定了饮食的层级性，处于不同社会、经济和文化地位的群体，在最为日常的饮食行为中也存在巨大差异。饮食结构的"金字塔"与社会等级的"金字塔"共生同存、彼此证明，不同层级的饮食文本诉说着不同故事，也传递出不同的意义和价值观念。

　　赵荣光曾在《中国饮食文化概论》中将传统中国饮食分为果腹层、小康层、富家层、贵族层和宫廷层，并且分别对应着不同的社会等级结构。即使在"文化特征"最少的果腹层之中，相对单调的食材、从简实惠的加工、简陋自然的环境等因素所构成的饮食文本，也会讲述出一则关于"农家乐"或"农家叹"的叙述。② 与之形成剧烈反差的是"钟鸣鼎食"的侯门宴饮，后者传递出完全不同的社会面貌及文化意义。中国历史上曾设"四司六局"的餐饮管理制度，专为官府贵家服务，其中管理仰尘、缴壁、帘幕、屏风、秀额、书画的帐设司，管理食料、批切、烹炮、下食、调和的厨司，专掌宾客茶汤、请坐谘席、接席迎送的茶酒司，负责托盘、劝酒、出食、接盏等事的台盘司，以及果子局、蜜煎局、菜蔬局、油烛局、香药局和排办局等，精细划分，各有所掌，最终呈现出一个集合千珍、帐设精致、凡事整齐、礼节规范的筵席全文本。这

---

① 赵毅衡：《哲学符号学：意义世界的形成》，成都：四川大学出版社，2017年，第128页。
② 赵荣光：《中国饮食文化概论》，北京：高等教育出版社，2003年，第77~79页。

里讲述的是一则关于"食前方丈""饮馔之乐"的故事，体现其价值集合的"隐含作者"则是一个对宴饮享乐和礼仪气派的认可者、对财富权力和社会地位的尊崇者。

至于礼制更为严苛、肴馔更为奢靡的宫廷饮食，在文本层面也拥有更深、更广的意义，不仅作为享乐威福、标示地位的手段，也是与民同庆、粉饰太平、施恩御人以及国家交往的重要方式。大业五年（609 年），隋炀帝西巡青海，经大斗拔谷（今甘肃民乐县南扁都口）入河西走廊，大会西域诸国使者于燕支山（今甘肃山丹县）。燕支山大会的高潮即隋炀帝宴请高昌等"满溢陪列者三十余国"的"鱼龙曼延"宴[1]，此宴会之中，食物、餐具、丝竹声乐、装饰之物，乃开一代奢侈宴饮之先河。这场宏大的宴饮文本所传达的是中原的物产、财富、气魄与力量，其远期的作用不可低估，而后使者往来频繁，即使隋朝历史终结也毫不阻碍这场盛大宴饮所开启的内地与西域诸国的往来交通之路。

随着历史的发展，现代社会的饮食活动呈现出新的特征，尽管饮食层级与社会层级之间仍保持着大体的对应性，然而"现代性的一条指导原则就是流动性"，工业化、城市化和现代化的发展为个体提供了社会等级上升的机会，也为饮食在全球范围内的流动、家庭烹饪行为的变革以及餐饮服务业的迅速发展提供了可能。现代科技化的烹调器具在一定程度上帮助女性从厨房事务中"解放"出来；用餐环境的变化，为共同就餐的群体营造了更为平等友好的交流氛围；食材的丰盛与多样和现代餐饮的全球化发展，拉近了不同群体的区隔距离。而与这一切相伴随的，正是饮食文本的意义和价值观念的变迁。

---

[1]　徐日辉：《中国饮食文化史·西北地区卷》，北京：中国轻工业出版社，2013 年，第 156～157 页。

# 第三章　饮食－感官：多重渠道的意义接收

日常生活中，从烹饪者的发送、具象形态的饮食文本到接收者的解释，构成一个完整的符号表意过程，同时满足着人类在生理和文化两个维度的需求。在这个过程中，饮食文本是系统的核心，经由聚合和组合的双轴操作、伴随文本的携同支持，构筑起自身并进行一种全文本式的表意。在符号发送的一端，饮食文本呈现出所有文本表意的共通性；然而在符号接收的一端，饮食文本则呈现出区别于他者的特性，即接收渠道的多重感官特质，以及感官之间的融通与背离。

视、听、嗅、味、触，是人类五种基础性的感官渠道，尽管五感在饮食活动中发挥的作用有所不同，传递信息的方式也各有差异，但正是经由它们的协同作用，饮食信息才能够全面地送达接收者，帮助接收者形成对饮食整体合一的体验。感官融通、彼此协同是饮食活动中的常见状态，而感官背离则是一种特殊的现象，它不仅反映着感官之间既合作又竞争的事实，更揭示出人类饮食的复杂性和社会性。

此外，人类饮食的接收环节，也在此刻"即时性"的感官体验中构筑起"记忆"和"想象"的场域。食者的每一次进食，都是一次关于食物感知"滞留"的累积，饮食记忆不仅与个体经历和口味偏爱有关，也浸透在社会文化的语境之中。在不断重复的、即时又短暂的饮食行为中，关于昔日食物感知的"滞留"被反复唤起，引发关于过去的回忆或有关未来的想象，从而使人类的饮食行为成为一种连接过去、现在和将来的活动。

## 第一节　饮食的感官特性

### 一、多渠道、多感官

在西方传统哲学论述中，由于高级和低级愉悦的长期区分，以及身心二元论的划分，感官也依据对象与身体的距离被划分出"等级优劣"。感官等级大致依从视觉、听觉、嗅觉、触觉、味觉的次序。其中，视觉与听觉被视为"高级"的距离性感官，在聚焦客体对象时更加"客观""可靠"；而嗅觉、触觉，特别是味觉，则属于"低级"的身体性感官，"受到认知者的主观状态的限制"。感官等级制将"身体性感官"从审美领域中摘除，并将其限定在肉体愉悦的层面。与之相应，饮食这种强烈证明人类肉体特性的活动，也一贯地被艺术审美和哲学研究悬置。

然而人类饮食并不只是一项纯粹的生理活动，不仅关涉身体愉悦，也包含着文化意义的维度。在感官特性上，饮食也无法机械地被划归于身体性感官的领域。这实际上是一种多感官共同作用的活动，人类用餐虽然以味觉为主，但仅靠口腔能够感知的味道不过酸、苦、甘、辛、咸五种，在尝到食物的滋味之前，视觉已先行感知到食物的"色"与"相"，食物的丰富气味也早已被嗅觉捕捉；手食阶段，触觉无疑先于味觉获得关于食物质感、温度的信息，即使在借助食具用餐的情况下，口腔内的触觉器官也与味觉同时作用，共同构筑起用餐者对"食物"的品味与认知。

感官的多重性造就了饮食符号意义接收的多渠道。所谓渠道，即"符号信息到达接收者感官的途径"，"是作用于特定感官的符号传送方式"。[1] 面对饮食文本，用餐者正是依靠五种感官渠道的共同作用，感知信息、整合信息，进而做出合一的解释。感官渠道连接着饮食文本和接收者，在以味觉为重的同时，包含着嗅觉、视觉、触觉甚至听觉的协同作用，例如在各民族普遍存在的宴饮交流与丝竹声乐活动，可以视为对饮食活动听觉方面的弥补。在用餐过程中，接收者经由多重渠道，获取关于眼前食物的多样化信息，而信息的集合又促使接收者对饮食文本做出合一的意义解释。在这个过程中，区分身体性感官和距离性感官本身并不重要，重要的是它们一起向接收者传送关于所食之物的信息，共同为构筑合一的意义解释而做出努力。至于哪一个感官渠道在意义传送的过程中发挥更重要的作用，其实并不根据感官"等级优劣"的前置性划分，而是依赖于用餐的语境以及接收者的个体元语言。

（一）视觉与听觉

中国饮食传统追求"色香味俱全"，这实际上也是各民族饮食文化的共性追求。饮食之"色"对应着接收者的视觉体验，食物的颜色、形状、品相、搭配等信息经由视觉传送给接收者，以便让饮食者在食物入口之前，获取足够的

---

① 赵毅衡：《符号学：原理与推演》，南京：南京大学出版社，2016年，第122页。

信息，做出初步判断和味感期待。一份品相完好、颜色诱人、搭配协调的餐食，不仅能激发接收者的进食欲望，而且能让人直观感知到准备者的用心以及其他情感意义。

视觉是人类文化使用最多的渠道，也是获取符号信息时最直观的方式，人类所接收的 80% 的符号信息来自视觉。正因如此，视觉甚至能够在食物尚未被品尝的情况下，限定饮食的符号价值与文化意义，进而前置性地约束饮食行为。对面粉增白是人类整体饮食史上一个特殊而复杂的节点，这既是技术进步的产物，也包含着人类的情感偏向。白色在视觉上给人以洁净之感，在许多民族文化中延伸出纯洁、无瑕的符号意义。不仅如此，增白的面粉及其制成的食物往往需要更复杂的加工程序，因此在很长一段历史时期，这代表着更精致考究的生活方式，进而反映出消费者的社会身份地位。古罗马讽刺作家朱文诺（Juvenal）曾写道，要想知道一个人的出身，"看他的面包是什么颜色就可以了"。

成色雪白的面粉，直到 19 世纪前，一直被认为是比粗粮更精细、高级和营养的食材，视觉上的一尘不染就是这种观念最直接的佐证，尽管在高度碾磨和过筛的实际过程中，麸皮、胚芽及其包含的维生素、抗氧化剂和部分矿物质等营养成分，都被不遗余力地剔除，然而对于多数大众而言，直接可感的视觉颜色要比复杂的化学元素名称更有力量。不仅如此，20 世纪 60 年代，西方兴起"全谷物面包复兴运动"，尽管与白面包追求截然相反，却依然相似地借助了视觉符号的力量。由于黑面包与白面包在颜色上相对，且加工程度较轻，便成为对抗白面包所象征的现代文明流弊、回归自然生活的符号表述。此外，烘焙和使用黑面包甚至演变为一种关于种族与肤色的政治行为：有些人借此表达自己与有色人种站在同一战线的决心，抗议"白面包"价值。①

在西方传统哲学中，听觉与视觉一同被视为"距离性感官"，因对象与主体身体保持距离，因而能够专注于对象，并引发沉思和想象的投入。然而，在饮食活动中，与主体保持距离的听觉感官依然是一个不容忽视的信息接收渠道。食物的"声音"是饮食活动的一部分，其中涉及的听觉线索对评估食物品质、用餐环境和整体体验都至关重要。

声音作为伴随因素被纳入饮食全文本之中可以追溯至新石器时期，"击石拊石，百兽率舞"描写了先民饮食活动中击乐歌舞的现象，极简的声音节奏填

---

① 迈克尔·波伦：《烹：烹饪如何连接自然与文明》，胡小锐、彭月明、方慧佳译，北京：中信出版集团，2017 年，第 236～244 页。

补了先民饮食时听觉渠道的信息空白；至于封建时期更有"钟鸣鼎食""丝竹之乐"的记载，随着人类在音律节奏方面的能力发展与复杂化，宴饮与声乐的关系在社会规约的作用下产生对应式划分，甚至直接影响主体的饮食选择。研究人员通过对葡萄酒庄播放古典音乐和流行歌曲的销售状况进行对比发现：播放古典音乐时，消费者购买高价葡萄酒的倾向更高；播放法国音乐时，法国葡萄酒更为畅销；播放德国音乐时，德国葡萄酒销售更好。[1] 韩国学者文正熏曾有类似实验：在酒吧里播放法国音乐，并将埃菲尔铁塔等与法国相关形象摆放在吧台时，法国酒的销量会有所上升。[2]

听觉因素对人们的饮食体验起着特殊的印刻作用，正如爆竹声、春晚节目、共同用餐者交流的话语，会直接影响中国人对年夜饭的品味体验。听觉渠道及其所传输的符号信息在饮食的意义接收中不可替代。现代餐饮业正是利用饮食体验的多感官特性，将声音恰当地引入用餐环境，填补用餐者听觉渠道的信息空隙，在听觉享受与多感官交互中，提升用餐者的饮食体验或直接延长用餐时间，以达到促进消费的目的。

无论是作为核心食物自携的"声音"，还是作为伴随文本支持整体表意的环境音、背景音，在人类饮食活动中，这些听觉渠道传送的符号信息，对于接收者做出合一的意义解释都发挥着重要作用。值得注意的是，饮食活动中的"环境音"并不总是发挥积极性作用。部分情况下，本不应被纳入饮食整体中的听觉因素意外地被饮食者感知，并纳入意义解释的努力中，这种"环境音"实际上分离了用餐者的注意力，多感官之间的信息并不协调，听觉因素可能反向干扰饮食行为中的其他感官体验，影响主体的饮食选择和对食物风味的感知，甚至影响对饮食文本的整体评价。

（二）触觉、嗅觉和味觉

触碰，是原始先民们判断某物是否可以食用、是否要将其纳入饮食范畴，及其是否处于最佳食用状态的重要步骤。婴幼儿时期，个体会将随手抓到的东西放进嘴里，从幼儿的举动中，隐约可以窥见先民在混沌未知的情况下饮食尝试与选择判断的原初方式。无论是手食或借助食具，触觉都在人类的饮食活动中发挥着不可替代的作用，探索周围的空间环境，"触摸更多的东西"，把玩食

① North, A. C., Hargreaves, D. J., Mckendrick, J. In-Store Music Affects Product Choice. Nature, 390, 132 (1997).

② 崔洛堰：《舌尖上的科学：口腹之乐何处来》，陈曦译，北京：人民邮电出版社，2018年，第37页。

物的冲动，感受即将进食之物的温度、质地和纹理，触摸以及由此而来的感官体验是构成口腹之乐的重要部分，也是饮食意义传送不可缺失的途径。

实际上，味觉是一种以湿气为媒介进行的化学反应，无法溶于水的物质在口腔中只能被触觉感知，也正是依靠触觉渠道，饮食向接收者传送了非凡的感官体验与符号信息。温度是味道的一部分，现代西餐的开山鼻祖奥古斯特·埃科菲（Auguste Escoffier）曾强调："如果端给客人的不是热气腾腾刚出锅的饭菜，他们会觉得食之无味。"人类是一种恒温动物，摄取食物是保持体温恒定的方式之一，因此食物的温度自然是饮食活动考虑的因素，不仅如此，温度对于接收者而言也具有重要的意义价值，温浆与冷炙可以传递完全不同的意义。从烹调到就餐，饮食可以构筑起一个人与人之间彼此关联的特殊空间，在这个空间内，饮食的温度经由触觉渠道传送给接收者，不仅发挥着恒定体温的生理作用，其冷热也传递出饮食提供者的态度或所处境况。尽管就食物而言，温度对味道的影响并没有定式，但随着温度的上升，分子活动更加活跃，气味随之扩散，在联动嗅觉感官的过程中，接收者无疑获得更丰富的饮食体验。

在触觉渠道中，食物的软硬、筋道与温度一样，都是味道不可分割的组成部分。食物入口后，在与口腔的直接接触中引发主体的感知体验，轻薄干脆，弹软嫩滑，或者是酥脆的食物在口中碎裂、软化，或者是绵软的冰淇淋里拌入坚果，抑或是干硬的饼干中注入奶油，食物的层次感经由触觉渠道传递给接收者，使其在强烈的口感对比中获取饮食快感。冰淇淋是一种在全球广受欢迎的食物，其秘诀不仅在于食料成分、与环境形成反差的特殊温度，还有"从坚硬到柔软"的触觉体验，冰淇淋在口中融化所带来的顺滑感与弹性，得益于其中固态、液态、气态三种物质同时存在，触觉将温度、痛觉、软硬、颗粒感组织在一起，与其他感官刺激协调，让饮食者获得满足。冰淇淋所具有的甜蜜幸福的符号意义，也在一定程度上得益于这种细腻而多层次的触感体验。

嗅觉感官在人类构筑自身食域的过程中发挥着重要作用。人类作为杂食者与其他动物的显著差异之一，便是能够大幅度改变原先依赖的食物链，不断扩展自身的饮食领域。与仅吃特定食物的动物相比，杂食者游走在一个更为复杂的自然世界中，在进入农业时代以前的漫长时期，人类置身于成百上千种植物、动物构成的复杂环境中，时刻面对着"什么可以吃""什么不可以吃"的两难之境。每一种"食物"的首次食用都是一次巨大的冒险，延续生命的渴求与保障安全的警惕并存。在这种情景下，嗅觉感官的作用无可替代，在"入口"品尝之前，人类需要依赖嗅觉分辨外部世界的气味，决定食物能否被食用。

与味觉仅能够分辨出五种基本味道相比，嗅觉所能分辨并记录的气味更为丰富，饮食的"滋味"在很大程度上取决于气味的差异与组合。"鼻后嗅觉"（retronasal olfaction）使人体能够分辨已入口食物的气味，并将刺激传递至大脑。"从鼻后嗅觉感受器传入的信号进入大脑皮层后，由最高级的认知功能区进行解读，同样参与信号解读的还有记忆区和情感区。"① 与视觉相比，嗅觉与记忆的连接更加持久和生动，正如马塞尔·普鲁斯特在《追忆似水年华》首卷中，以浸过茶水的"小玛德莱娜"蛋糕唤起回忆、开启叙述：

> 然而，回忆却突然出现了：那点心的滋味就是我在贡布雷时某一个星期天早晨吃到过的"小玛德莱娜"的滋味（因为那天我在做弥撒前没有出门），我到莱奥妮姨妈的房内去请安，她把一块"小玛德莱娜"放到不知是茶叶泡的还是椴花泡的茶水中去浸过之后送给我吃。见到那种点心，我还想不起这件往事，等我尝到味道，往事才浮上心头……凡形状，一旦消褪或者一旦黯然，便失去足以与意识会合的扩张能力，连扇贝形的小点心也不例外……但是气味和滋味却会在形销之后长期存在，即使人亡物毁，久远的往事了无陈迹，唯独气味和滋味虽说更脆弱却更有生命力；虽说更虚幻却更经久不散，更忠贞不矢，它们仍然对依稀往事寄托着回忆、期待和希望，它们以几乎无从辨认的蛛丝马迹，坚强不屈地支撑起整座回忆的巨厦。②

嗅觉在饮食活动中的效用不如味觉和视觉等感官表现得直接而明显，就如同气味本身具有微弱而不易琢磨的特性。尽管如此，嗅觉及其捕捉的气味却能够准确而长久地记录下主体的事件经历与感性体验。复杂而微妙的饮食味道归因于它们的气味，而嗅觉对气味的捕捉及传送，能够唤起久远的记忆，再现彼时的情感波动，甚至开启新的叙述。

人类的饮食活动，是文化规约的群体经验和个体与生俱来的本能行为的总和。人类对于气味的嗅觉反应，既有先天本能的作用，又有后天文化的影响。不同文化对特定气味存在相似的感知，趋甜、避苦、区分新鲜和腐烂，这些都具有普遍性。人类对不同气味的好恶反应，部分是因为气味本就对人类的生存至关重要，腐食的气味是微生物向其他竞食者发出的警告信号，而人类也在信

---

① 迈克尔·波伦：《烹：烹饪如何连接自然与文明》，胡小锐、彭月明、方慧佳译，北京：中信出版集团，2017年，第231页。

② 马塞尔·普鲁斯特：《追忆似水年华》，李恒基、徐继曾、桂裕芳等译，南京：译林出版社，1994年，第29～30页。

息的获取与解读中规避了有害进食的风险。嗅觉与记忆的紧密联系，使其能够"备份"人类感知过的多种气味，以便在纷繁的生物世界里做出有利于生存的判断和选择，并在不断重复的饮食活动中沉淀经验。

嗅觉反应不仅是人类身体生存的本能策略，而且受到文化的规训。文化能赋予某种食物气味以特殊的意义。西方宴饮中的香料气味曾是贵族彰显自身权力与财富的符号，也诱使麦哲伦开启了照亮世界版图的探索旅程。文化甚至能使人类接收并喜爱身体本能排斥的气味，嗅觉偏爱与个体的成长经验、地域环境和文化归属紧密相连。在先天与文化的共同作用下，嗅觉成为诱发主体回忆与情感的重要通道。

味觉是一种身体性感官，依据传统观点，不同主体之间的味觉感官差异和口味偏爱"无可争论"、不必解释。味觉是人类生存所必需的感官，但由于味觉感知的焦点落在主体自身而非被品尝的客体，因而被认为缺乏理性的运用和想象的投入，味觉这种"自我指向的"性质，使其与嗅觉一同被归于"惬意的"领域，长期不为哲学思考所接纳。

味觉的"身体性"毋庸置疑，杂食者的味觉和嗅觉一样承担着基本的筛查工作，进入口腔的食物经味觉感官被判定是否适合进入身体，饮食的味道、价值、安全性都离不开味觉感官。人类所能感知的基本味觉只有少数几种，却与生命、生存紧密相关。偏好甜味、厌恶苦味是人类的共性本能。甜味代表着丰富的碳水化合物，是大自然的能量来源，也是人类生命活动的能量保障；苦味则与饮食风险直接相关，自然生物制造的许多防御性毒素都带有苦味。味觉所感知的"甜"或"苦"是一则重要的信号，意指所食之物与生命的对应关联。

味觉接收器分布在舌头上，甜、酸、苦等基本味道能够在舌上的不同位置产生强烈的感官反应：舌端对于甜味的感受力最为明显，酸则在舌的两侧感受强烈，而对苦的感受则与舌的后部、咽喉前部最为相关。生物学研究者曾将这种分布解释为一种安全保护结构，舌尖对甜味的高度敏感有利于在复杂的环境中探测最有益于生存的能量来源，而位于舌后端的苦味接收器则担负着防卫作用，阻止吞咽可能有害的物质。这种基本的味觉感知属于人类的共性，舌上突起物的数量、印刻在基因中的本能反应、人体系统中的酶，都是饮食活动中人体不可更改的特性。

然而，身体性感官也并不意味着其仅代表着一种生存策略的本能选择。随着人类的漫长演化、社会与文化的不断发展，人类的味觉偏爱不可避免地与文化、个体经验相关联，"主观偏好"是一种模糊的概念，人类对食物的味觉反应及其选择，在很大程度上属于文化的产物和后天习得的结果。随着个体年龄的增长，身体对苦味的敏感度逐渐下降，咖啡、茶酒以及其他带有苦味的饮食受到推崇，对甜食的普遍喜爱也因文化观念的影响受到限制。随着思维认知系统的发展以及文化经验的积累，主体的味觉反应也随之发生改变。换言之，味觉感官发挥作用的过程，不仅关涉生理饥饿及其满足，而且传递出社会文化的信息。

对包括味觉在内的五感冠以"身体性感官"或"距离性感官"的名称差异，是一种人为划分的结果。在实际饮食活动中，与其强制性区分身体性或距离性的差异，不如关注各感官渠道在饮食活动中所发挥的差异而彼此协同的作用。它们都是重要的信息传送渠道，都能传达有意义的符号，甚至能表达独特的观念和情感。体味食物的味道不光需要味觉发挥作用，嗅觉是感知纷繁滋味的关键，视觉传送着食物的第一印象，听觉对声音的感知是饮食活动的重要部分，饮食体验在五种感官的共同作用下完成。在五感联动中，接收者获取多重的感官享受与符号信息，大脑则对这些信息做出整合与判断。"味道"无疑是食物的关键，而在一定情况下，感知味道也就意味着接收意义。

## 二、感官融通

人类的饮食活动涉及五种感官，每种感官都是饮食信息送达接收者的渠道，尽管传递的方式各有特色，意义也有所差异，却共同帮助接收者形成对饮食整体合一的体验。即使一次简单的用餐，也需要接收者的感官世界充分融通。换言之，饮食活动中的多感官渠道并非彼此对立的竞争关系，而是在各有差异的基础上充分互补、协同作用。

中国传统美学很早便注意到感官之间的融通及其对美的生成作用。饮食经由感官渠道而引发"感觉"，正如龚鹏程先生所说："羊大为美，正如鱼羊为鲜，均是以饮食快感为一切美善事物之感觉的基础。"与西方美学中"美"的抽象化与长期的身心二元论相对，中国的"美"与感官经验密切相关，甚至可以说中国最初的"美"的获得正是来源于饮食。在饮食的接收语境中，视觉上的再现、听得见的声音、嗅觉捕捉的气味、直接的触碰以及入口的味觉体验，一同构筑起接收者的美食快感和意义解释。

这种感官间的协作现象可以称为饮食"共感"，即在饮食发送与接收的两端都存在多感官的共同作用，人的视觉、听觉、触觉、嗅觉、味觉在对食物的感受中相互融通、联动，并由此产生相应的身体感受。这种饮食中的"共感"与通常意义上的"通感"有所区别，所谓"通感"是指"符号感知的发送与接收，落到两个不同的感官渠道中"①。而饮食"共感"则体现为：表意是多渠道的协同表意，接收也是多渠道的合作接收，感官之间的融通、协作构成一个感官知觉共同体，为整个饮食活动（符号过程）搭建起传输桥梁。文化对食物"色香味俱全"的要求，实际上是人希冀经由食物而获得的多重感官体验，在饮食的共感中，人类经由多感官渠道获取多方符号信息。

即使是看似与"品尝"活动缺少直接关联的听觉感官，也在实际饮食过程中发挥着重要作用。食物自携的声音或饮食活动中的环境音，能够经由听觉渠道直接影响接收者对饮食品质和口感的评估，甚至唤起接收者的情绪反应，或在与文化的连接中，向接收者传送意义符号。群体性聚餐中，饮酒时碰杯是一种常态化行为，共饮的习俗引发参与者的五感融通，看得见的颜色、嗅到的酒香、口腔内触觉与味觉感知到的醇厚滋味，以及碰杯时发出的"叮当"声，共同构筑起饮酒者的感官愉悦。在这个过程中，碰杯的声音是一个听觉符号，它引起在场所有参与者的注意，提醒共同用餐的人彼此所拥有的联系，即使不再共用一个酒杯、分享同一份食物，但碰撞的声音就意味着联结、认同和归属。至于特殊境况下，热情畅饮后摔碎酒杯的声音则属于更深程度的情感表达。

饮酒、品茶都是在感官协作下进行的活动。品茶的愉悦来自感官系统的综合作用。观茶之形，茶叶的颜色、形状、纹理提示着茶叶的优劣与鲜陈；闻茶之香，以温火焙茶、慢煎茶香，或浓或淡的气味揭示茶的品类属性；听水之沸，煮茶时沸腾的水声自是饮茶乐趣的一部分，正式茶艺表演中更专门配以适宜的声乐，与煮茶饮茶的行为相合；及茶入口后，在味觉与触觉的融合中充分感知茶味，甚至一饮可涤昏寐。品茶，要求多感官的协同参与，并在这个过程中培养起感官体验的敏感性，甚至达成文化意义的生发与传递。"茶"与"意"相连，便延伸出"茶道"，即贯穿整个品茶活动的一系列行为准则、规范及其文化内涵。将煮茶的过程与文化道德联系在一起，茶之于中国文化，不仅是多感官联动所造就的快感体验，更是通过茶事过程、感官知觉引导个体在饮乐体验中进行品性修养的炼造。

如果隔绝感官知觉的接收渠道，饮食的意义便无从落实，无论是承载烹调者深厚情感的佳肴，还是已由社会约定俗成的食事习俗，在未作用于接收者的感官之前，都仅是"待完成"的潜在符号。因此五感之间的融通和协同既是品尝味道的开端，也是意义接收的开始，而在这之后则是大脑发挥作用，对经由

① 赵毅衡：《符号学：原理与推演》，南京：南京大学出版社，2016年，第130页。

五感传送的符号信息作进一步的整合分析，从而完成意义解释和整个符号过程。

因此，可以说大脑是饮食接收的终端，对经由五感传递给接收者的信息进行汇集、整合并且弥补留白，从而形成对食物合一的意义判断。简言之，是大脑而非味觉，决定了食物的最终滋味。感觉综合是一个复杂的过程，思维中已存在的认知观念能够合理地影响对所食之物的品尝，这不仅涉及生理感觉反应，更是一个复杂的认知问题。只有对即将入口的物质保有一定底线的认知，即确认其属于"可食"范畴之内，个体才会安心地开展进食行为。预先认知是饮食的前提，也是其味道的一部分。出于生命安全的考虑，人类在进食问题上一向持保守态度，"他人推荐"的饮食一向更受青睐，更准确地说，人们普遍愿意接受经由他人食用并被验证为"可食"的物质。

显然，文化因素对作为杂食者的人类而言至关重要。在缺少对所食之物基本了解的情况下，进食会经历一个持疑和不愉快的心理过程，感官体验也因此受到影响，即使是已完成的饮食活动，如果对食物认知发生转变，感官体验也会随之逆转。尽管从逻辑上说，对食物的认知能够预前或后续影响感官体验，但仅就一次饮食行为而言，认知作用与感官反应很难区分时间上的先后顺序。经由感官渠道接收食物的过程，也就是思维对信息进行处理的过程，一旦认知发生转变，感官反应随即逆转。人类的感官知觉和思维反应都极为灵敏迅捷，五感的融通合作本就难以区分主次，而感官知觉及其所传递的信息、思维对信息的处理和分析、经验的比较等并不需要一个漫长的过程，而是同时完成的。实际上，也只有在感官接触到某一食物时，相关认知才会在思维中被唤起，进而作用于感官体验。

因此，饮食的接收，不仅是通过视、听、嗅、触、味五种感官知觉的协作，更是感官快感和认知快感的综合、生理体验和文化经验的融合。吃，不仅需要发挥多重感官的协同作用、个体的记忆力，还依赖文化的巨大优势以及无数前人的饮食经验与智慧。在物质丰盛、信息爆炸的时代，关于接收渠道高低优劣的等级区分没有定式，重要的是多感官在饮食活动中的联动协同以及大脑最终对饮食体验的判定。正如电影《饮食男女》中丧失了味觉的主人公曾谈到，"吃其实是一种心理感受"，人类饮食是生理性和文化性彼此交融、共促合成的意义解释。

## 三、感官背离

相较于感官之间的和谐、融通和协同表意，感官背离是一种特殊的共感现象，它源于不同感官渠道所传送的符号信息彼此相斥，在感官知觉反应上无法相容，并最终显现为意义解释过程中的矛盾。尽管符号信息必有意义，文化语境和饮食文本自身也都存在着促使接收者做出"合一"解释的压力，然而，人类饮食活动在符号发送和接收两端的多感官、多渠道特性，以及人类饮食所固有的生物和文化的双重属性，共同促成了特殊的感官背离现象。

人类的饮食活动兼具生物性和文化性，身体对食物的本能欲望驱动人类的觅食行为，而任何行为又都是文化作用下的行为。处于饮食接收端的感官反应并不例外，它既是人类进化而来的身体本能，也受到文化规约的影响，体现在具体的饮食过程中，便是感官知觉对饮食文本的片面化感知，以及各感官渠道在片面感知的方向上存在差异，甚至发生互相排斥的现象。

这种对饮食的片面感知其实是一种生存策略，能够在复杂的环境中帮助杂食者保障饮食选择的效率，从而最大限度利于生命生存；然而，不同感官在片面感知上有所差异，加之文化环境的不同暗示和引导，感官渠道各自传递的符号信息最终发生了互斥与冲突。

中国食物所特有的"臭美"即是典型，《吕氏春秋·本味》云："臭恶犹美，皆有所以。"高注："臭恶性循环犹美，若蜀人之作羊脂，以臭为美，各有所用也。"顾颉刚按："羊脂之制，今不知尚存于蜀中否。今之以臭为美者，有臭豆腐、臭鸭蛋、臭卤瓜等。"[1] 嗅觉上感知食物气臭难忍，味觉上却乐于接受，这种饮食活动的感官背离和信息冲突，一方面呈现出饮食表意的多渠道协同，另一方面也表明各渠道在表意与接收的过程中并非完全"和谐"。冲突的存在，实际上证明了意义活动的丰富性，而意义的解释最终落在接收者的身上。

从逻辑上看，既然饮食接收是一个五感融通、共同作用的过程，那么感官背离作为一种特殊的共感现象，在任意的五感之间都存在产生的可能，而不仅仅关涉嗅觉与味觉。面对有颜色的食物，接收者会下意识地认定其有相符的味道，甚至颜色的浓度也被认为与味道的浓郁程度相关。以两瓶无臭（嗅觉上一致）液体作实验，其中一瓶加入色素（视觉），另一瓶保持原样，实验者面对两瓶液体，普遍会对添加色素的液体的味道持有疑惑，感觉品尝到"似是而

---

[1]　顾颉刚：《史迹俗辨》，钱小柏编，上海：上海文艺出版社，1997年，第158页。

非"的滋味。视觉和味觉之间存在联动，有色却无味的矛盾在接收者的感知和分析中形成冲突，导致欺骗性的感官体验。不仅如此，"将草莓味糖果染成黄色、将香蕉味糖果染成红色后，即便有熟悉的果香为引导，人们也会下意识地认为黄色糖果才是香蕉味"[1]。视觉信息先行干扰了味觉判断，但随着品尝行为的深入，味觉和嗅觉感知到糖果的真正滋味，经过与视觉信息的对比、矛盾和整合，最终形成整体合一的理解，进而对其中可能存在的意义做出解释。

感官背离无疑对饮食整体的接收构成阻碍，一方面拉长了"合一"意义解释的形成过程，另一方面可能也意味着饮食快感和愉悦感的延长。感官渠道是任何符号信息送达接收者的方式，感官与感官之间既可以协作、共感，又可以存在竞争、冲突。正如欣赏音乐时，接收者会不自觉地闭上眼睛，这是因为感官知觉之间互相联动，既合作、又竞争，为了更专注于听觉渠道传送的信息，自然地关闭了视觉渠道。高级餐厅会为消费者提供音乐服务，以和谐的韵律节奏作为环境音，与饮食文本一同充实进食者的感官，增加进食愉悦、支撑饮食表意。但如果音乐与食物之间并不协调，典雅的音乐配合速食快餐、摇滚电音配合正式宴饮，不仅会干扰进食者的品味与体验，也会让接收者对这一餐食的表意感到混乱和困惑。

矛盾而背离的感官体验，揭示出人类饮食的复杂性，这不仅源于人类作为杂食者，其食域范围远比一般生物复杂，也源于日积月累的文化在无形中重塑了人类的感官知觉，让它既保有生理反应的本性，又成为一种文化反应。文化能够规训感官、逆转体验。感官背离构成了饮食意义解释过程中的障碍，但在实际生活中，造成感官背离的饮食往往受到大众的青睐（至少受到部分群体的偏爱），闻臭、食香，无色、有味，以及其他诸种感官信息之间的矛盾，为饮食体验增加了"波折"，也造就了异常的愉悦感。面对感官背离的饮食，不同个体会做出或偏爱或厌恶的取舍态度，而不同的态度实际上取决于接收者对不同符号信息的重视。接收者在做出解释的努力中，各感官渠道的信息互相融通、合作而竞争，在接收者的身体本能、个体经历以及所处的文化语境的共同作用下，形成最终的意义解释和选择行为。

## 第二节　食物与回忆、想象

"口味无可争论"，饮食的接收和品味偏爱，在很长一段时间里被视为"私

---

[1] 崔洛堰：《舌尖上的科学：口腹之乐何处来》，陈曦译，北京：人民邮电出版社，2018年，第41页。

人话题"，无论是感官协作，还是感官背离，面对相同的食物，不同个体能够产生完全相反的态度倾向。饮食口味被认为是私人的，不具有优劣高低的可论性。从生理角度而言，这部分归因于不同个体舌头上的乳突数量以及其中的味蕾数量各有差异，因而所感知的食物滋味也不相同；但从社会角度而言，同一文化圈内的个体又在饮食选择上具有明显的像似性，对食物的喜爱和厌恶呈现出文化属性和地域特征。

人类的感官知觉不可能是纯生理性的，"人性是被文化布局所影响的，世间并没有'自然人'，因为人性的由来就是在于接受文化的模塑"。也就是说，文化的功能在于保证某一群体中的个体具有一种心理和情感上的同一性，"文化把许多个人转变为有组织的团体，而使之无止境地继续存在"①。饮食，经由感官渠道传递符号信息，大脑在接收信息的过程中，对协调或矛盾的片段进行整合或取舍、对信息不足的部分进行揣测和填充。每一种感官都有自己的特性，它们一起合力建构了个体的社会存在。

每一次的感官反应都建立在以往的感官体验和相关经历的基础上，不仅关涉此时此地的身体反应，也联系着过去、现在和未来。人的理解能力在很大程度上来自经验，对信息的分析、取舍和填充都依赖思维认知的作用，头脑中存储的记忆构成了某些情况下的能力元语言。每一次用餐经历都在个体的思维中留下印记，不仅能够造就此刻的感官愉悦，也能唤起过去的记忆，甚至预测未来的饮食选择。因此，是大脑决定了饮食的味道，让日常而短暂的饮食行为在与过去和未来的交织中，拥有超越"此刻"的非凡性。

人类日常生活的饮食是一种即时而短暂的行为，任何一餐都会在有限的时间内终结，古老的习语"天下没有不散的筵席"讲述了宴饮在时间上的限制性。然而饮食又是人类生活中必需而不断重复的行为，以此维持基础的生命生存和延续。在即时与重复的间性中，饮食成为一种在时间和空间上一再重复的活动，即时的感官作用连接起过去的记忆和未来的想象。这种饮食的时间特质保留在个体的童年回忆与成长经历中，又深深扎根于个体与他者的关系结构以及社会文化的语境之中。

## 一、记忆：经验感知的"滞留"

人类的饮食行为在不断的重复中能够超越其单次行为的即时性，关于过去饮食的感知"滞留"能够在"此刻"被唤起，以形成特有的"食物记忆"，连

---

① 马林诺夫斯基：《文化论》，费孝通译，北京：中国民间文艺出版社，1987年，第90~96页

接过去与现在。这种感知的"滞留"正是一切经验回忆与想象的基础。换言之，人类的饮食感官反应，"总是与过去所曾知觉到的记忆痕迹相联系。这样一些记忆痕迹，总是在互相类似的基础上互相干扰"①。唤醒记忆的方式有很多种，任何来自外部的刺激经由感官渠道都可以激发个体储存在大脑中的相关信息，即以此刻的感官知觉点亮思维中昔日感官体验留下的痕迹。饮食活动的多感官、多渠道特性，使其与记忆联系密切，看见一份熟悉的食材、不经意间闻到某种气味，或者时隔许久再次尝到曾经品尝的菜肴，都能唤起接收者关于饮食的昔日经历，以及与此相关的时间、地点、人物和事件的鲜活记忆，继而唤起接收者强烈的情感波动。

"记忆包含着一个认知和识别的过程，包含着一种非常复杂的观念化的过程。"② 饮食记忆，在收集以往感知"滞留"的碎片的同时，包含着一个整理、重组和综合的过程。记忆不是对某种感官体验或往事的简单重复，而是一个包含着一个新生的创造性过程，"想象"是唤起记忆的必要因素。无论是节日庆典中的特殊饮食，还是日常生活中的普通饮食，生命中的每一次用餐，都是在积累与食物相关的感知"滞留"。当食物进入身体，感官知觉印刻进思维，记忆便成为饮食的一部分。每一次品尝都与以往的感官积淀相关，在重温和创造的过程中，又不断地积累新的感知"滞留"。萨顿在《膳食的印记：食物人类学与记忆》中曾提出"食物记忆"的概念，并认同饮食在经验滞留上的时间特性，将其视为一种"习惯性记忆"（habit memory），具体而言，"是指一个特定族群内的人们如何将自己的认知融化于特定的饮食体系，同时又在历史的时空中遗留身体和感官上的沉积，形成特殊的品尝记忆"③。

因此，所谓"味道"，与其说是此刻的味觉（及其他感官协同）体验，不如说是一种长期记忆现象。饮食记忆不仅是个体经历在身体感官上的"滞留"，而且也浸透在社会文化的语境中。在时间的作用下，日常生活中不断重复的饮食行为成为惯习，连接着个体的成长历程和整个社群的文化认同。对于食物的渴求曾让先民们聚集在一起，相似的饮食经历的记忆和感官偏爱会产生认同，让族群及其文化特性以一种朴素而鲜活、可视又可感的方式获得呈现。群体共嗜的饮食口味，不仅是一种生理和身体上的共同体验，也是一种文化和身份上的共同感受。

---

① 鲁道夫·阿恩海姆：《艺术与视知觉》，滕守尧、朱疆源译，北京：中国社会科学出版社，1984年，第57~58页。

② 恩斯特·卡西尔：《人论》，甘阳译，上海：上海译文出版社，2013年，第85页。

③ 彭兆荣：《饮食人类学》，北京：北京大学出版社，2013年，第44页。

　　食物可以跨越时间与空间，唤起个体的童年回忆、成长经历以及社会认同，甚至可以成为身处异文化圈的个体填补文化空缺的方式。正如身处异国他乡的游子烹煮一份家乡的菜肴，在重温记忆里熟悉味道的同时，也缓和了身份认同和归属感的危机。纪录片《舌尖上的中国》曾指出，中国人对食物的感情多半是思乡，是怀旧，是留恋童年的味道。饮食是一项意义活动，让个体和人、往事、地域建立起连接。任何个体都是文化中的个体，而个体的成长经历和文化经验决定了饮食选择及其记忆。

　　食物记忆在社会层面上衍生出一种特殊现象，即讲究饮食"正宗"与否。地域菜系中常使用该词作修饰，实际上"正宗"一词最初源于佛教，本指始祖教义的嫡系相承者，后延伸为"正统的、道地的"。从词义而言，强调一份餐食正宗，意在说明其味道与原初一致。在饮食传承的过程中，"是否一致"的判断显然离不开"记忆"的作用，无论是个体的实践记忆、他人的记录与传播，还是文化树立的典范，对于菜肴的味道是否正宗的判定，是一次次与相关记忆作比较的结果。

　　因此，"老字号"实际上代表着再现性，即饮食品质始终如一，每一次新的用餐体验都与记忆中的感知"滞留"保持高度一致。再现并非易事，食材、条件、环境和饮食者的感官都处于变化之中，文化的变迁也会影响接收者的感受。对于"再现记忆"的追求，树立了"正宗"的门槛，也成为文化资本的表现形式之一。随着社会现代化进程的推进，饮食"老字号"依据其历史传承，以及对记忆中味道的再现，树立起品牌符号，将经济资本转换为文化资源。后者总是被原本就持有并且有能力不断积累的少数人垄断，以"物以稀为贵"的方式，获取巨大的利润份额和特殊的地位。

　　地域饮食，特别是正宗的地域特色菜品，往往保留并传承着该地区的集体记忆，能够为食者提供感官和情感的双重愉悦。在现代网络社会中颇具规模的"南北饮食甜咸之争"，实际上可以视为双方对自身所处地域的饮食惯习"正宗性"的坚持，论辩双方也都在个体的成长经历和地域文化中找到了支撑的论据。饮食偏爱是一项复杂的论题，它只能发生在已品尝过的食物之间，人只可能偏爱自己曾经品尝过的食物，但选择品尝某种食物，或者说之所以有机会获得某种食物，在很多情况下，首先取决于地域环境和社群文化提供了什么。文化前置性地参与了族群饮食范围的边界划定。在日常生活中，时间以及重复的行为会不断加深人们关于饮食的感官"滞留"，而记忆让我们做出自我满意的选择。甜咸可以争论，口味没有优劣，因为记忆是味道的一部分，它所映射的是双方的地域归属。

饮食在人类的感官经验中占据特殊地位，多感官、多渠道的特性在一定程度上也意味着感官"滞留"的丰富性。对于人类而言，饮食是不可或缺的常态活动，不断重复而又不断变化的饮食在接收者的身上留下印记。正如法国学者皮埃尔·布尔迪厄①所言："我们很可能是在'食物'的味道里，找到了最强烈、最不可磨灭的婴儿学习印记，那是原始时代远离或消失后，存留最久的学习成果，也是对那个时代历久弥新的怀旧心情。"②

## 二、想象：饥饿中的"饮食游戏"

"想象是意识构成意义世界的最基本方式，是人存在于世必须时时刻刻运用的一种能力"，它使得在人的意识活动中本不在场的意义能够在心灵中在场化。③ 在这个层面上，回忆乃是想象的一种，依据经验感知中的"滞留"形成关于往昔的回想。没有经过想象力的再造，经验就只是我们的背景记忆的随机组合，只有经由想象整理和填补过的经验，才能成为对意义进行加工的基础。④ 人类在饮食活动中的想象力，让饮食文本能够超越"此时""此地"，转而拥有在时间和空间中充分延展和变形的自由。

经由想象，饮食文本的意义不再局限于有限的感官知觉的范围。地域饮食，不仅意味着某一地域族群记忆中的熟悉风味，而且可以帮助他者构筑对该社会的"异域想象"。对异地美食、风味小吃的探寻充满了他者对该地域文化的想象与憧憬。在日常生活中，人们习惯性地依据个体的地域归属预想其饮食口味，或是在了解饮食口味的基础上预判个体的身份归属，想象让本不在场的因素变为在场，填补了人际交往中的信息空缺，让个体和地域、社会建立起密切的联结。

不仅如此，关于饮食的想象甚至可以成为一种生存策略，因为其涉及了与饮食相反而不可分割的另一面——饥饿，即食物的匮乏。当食物匮乏无可避免地出现时，在所有实践性行动开展以前，个体对于食物的想象是试图解决现实饥饿问题的第一步。在中学食堂、士兵宿舍、犯人牢房、饥荒地区，关于食物的游戏以超越文明界限的方式上演了无数次。爱尔兰的"名菜"——"马铃薯指一指"，便是一种典型的食物匮乏时期的想象游戏：先用水煮一锅马铃薯，准备好马铃薯以后再在餐桌上方用细绳挂少许的腌猪肉，进食的时候用叉子戳起

---

① 皮埃尔·布尔迪厄（Pierre Bourdieu），又译皮埃尔·布迪厄，本书统采用第一种译法。
② 皮埃尔·布尔迪厄：《区隔：品味判断的社会批判》，转引自明茨《吃》，林为正译，北京：新星出版社，2006 年，第 24 页。
③ 赵毅衡：《哲学符号学：意义世界的形成》，成都：四川大学出版社，2017 年，第 161 页。
④ 赵毅衡：《哲学符号学：意义世界的形成》，成都：四川大学出版社，2017 年，第 163 页。

一块马铃薯，把它朝腌猪肉的方向指一指，然后再放到嘴里吃。在这道"菜"中，马铃薯是唯一能够摄取的食物，但悬挂在餐桌上方少许的、不被食用的腌猪肉才是这道菜肴的核心和精粹，在"指一指"的动作中，个体以经验的想象让未被味觉感知的腌猪肉的滋味在心灵中在场化，以应对生活中食物匮乏和单调的现实。在贫穷的时期，世界上任何地区的人们都抱有对充足食物的渴望，面对无法回避的渴求，这种"画饼充饥""望梅止渴"的魔术能够带来短暂的幸福时光。

人们通过想象获得意义的在场化，进而获得现实的暂时满足。在关于食物的想象中，有时甚至不需要借助指示符号的作用，不需要"指一指"的动作和那块腌猪肉的在场，而能够直接地以一种超越当下实践的姿态充分展现人类饮食想象的自由。第二次世界大战时，在瑞士一个无国籍犹太人集中营里，人们上演了一出典型的食物幻想游戏：

> 我和热尔曼·T一起发明了一种非常有用的游戏。每当吃饭的时候——餐桌旁围坐了十个人——我们就开始窃窃私语，但是音量一直保持在同桌的妇女能够听见的程度，我们两个人，她和我，低低谈论着一天的菜单：
>
> "我提议第一道上奶酪苏法菜。"
>
> "那肉类呢？"
>
> "我觉得可以用龙蒿鸡肉，然后配上有点辛辣的摩泽尔葡萄酒作沙司。"
>
> "甜点呢？"
>
> "咖啡奶油配上攒奶油，这样味道就不会太重了。"
>
> "还得有很浓的咖啡。"
>
> 讲这些话的时候，八位妇女和我们自己正在吃的是千篇一律的很稀的白菜汤和土豆糊糊，尽管如此，我们的舌头上却有着山珍海味的味道。[1]

这种甚至不需要"画饼"以充饥、"望梅"以止渴的幻想，在呈现人类关于食物的迫切渴求与自由想象的同时，也展示了人性的一个侧面，它是个体面对世界、面对生活困境时所采取的一种生存方式。想象是人的一种基本的存活能力，即使面对庸常而繁复的饮食活动，大脑的想象力也不断地在思维与实践、幻想与现实之间过渡，让琐碎的饮食超越生物本能，成为文化中生动而鲜活的意义活动。

---

① 转引自米歇尔·德·塞托、吕斯·贾尔、皮埃尔·梅约尔：《日常生活实践2：居住与烹饪》，冷碧莹译，南京：南京大学出版社，2014年，第232页。

### 三、食物：作为一种艺术的可能

饮食在接收端的多感官、多渠道特性，及其经由记忆、想象所引发的情感波动和意义体验，牵涉食物是否能够作为艺术的论争。中国古代美学与饮食活动密切相关，注重五种感官之间的融通以及由此而来的"美"。与之不同的是，西方传统哲学长期区分高级与低级愉悦，以及心灵高于身体的身心二元论，强调饮食在味觉和嗅觉等感官上的反应，认为饮食仅能带来关于身体快感的低级愉悦，并以此将食物区隔在艺术之外：

> 味觉是一种主观的感官，它关注的是人的肉体状态，而不是周围的世界，它提供的只是有关知觉者的信息，而后者的偏爱是无法中肯地加以争论的……哲学是（或者至少曾经是）建立在永恒高于暂时、普遍高于特殊、理论高于实践这样一些观念之上的。味觉这种感官并不适合于促进人们对这些二元项中第一项的认识。[1]

对于身体性感官的偏视和弱化，使得味觉和饮食在西方传统哲学中被一再贬低和忽视。然而现代美学已经关注到感官之间的融通性以及食物与记忆情感的联系，认可食物的"艺术性"，不过由于食物的短暂性和自身无法表达情感，不具有感动人心的力量，因此将食物视为一种次要艺术。[2]

食物在各感官之间的互相融通、共同作用，以及特殊的感官背离现象显示出食物与"美"之间的密切联系。至于食物以及饮食活动的即时短暂性，实际上无法成为否认其为艺术的理由，因为时间乃是饮食的一种内在特质，部分艺术同样存在短暂性。至于再现和表现情感是人们推崇艺术的主要缘由，食物因为自身无法独立表达情感而一度被隔离在艺术的殿堂之外，但实际上任何符号的表意都无法孤立进行，都需要依赖自身与语境相结合。现代艺术走向反讽，更需要语境对表意的支持。

食物抵达艺术的最大障碍，在于如何摆脱自身的"食用性"。从纯然满足生理饥饿的"物"到纯然表达意义的"符号"，人类饮食在这两个极端之间滑动，艺术的非实用特性隔开了绝大多数的饮食。只有借助"展示"的力量和文化的特殊运作，食物才能短暂地滑向符号的极端，触摸到艺术的边界。

---

① 卡罗琳·考斯梅尔：《味觉：食物与哲学》，吴琼、张雷译，北京：中国友谊出版公司，2001年，第98页。

② 章辉：《"食物"作为艺术：当代西方美学界对味觉、嗅觉问题的论证》，《南国学术》，2017年第1期，第160～167页。

# 第四章　饮食"意义化"的意义：身份与道德

　　在人类饮食的光谱中，从饥饿到浪费，从食物范畴的划定到烹调行为、感官接收和用餐仪礼，或多或少都涉及饮食主体的身份问题和道德倾向。饮食活动中交织着的个体与自然、他人、社会的关系，让饮食主体的身份变得更加清晰；也正是借助这些关系，个体将自身安置在某个具体的文化社群之中，自觉或不自觉地进入特定的意义系统，接受伦理道德的约束。

　　人类的饮食是一项文化活动，"吃与喝"不仅能够诱发感官刺激、满足果腹之欲，也体现着饮食主体的某种选择、实践乃至想象。换言之，饮食在发挥生理功能的同时，也体现着人对自身生存的某种意义的渴求与建构。饮食之物来自物世界，只要饮食活动仍然发挥果腹的功能，食物便无法摆脱"物性"。实际上，如果从"物性"的角度出发，食物的"食用价值"对不同的个体而言并无区别，因为人类的饥饿感与饱腹感并无差异，造成不同食物的地位天悬地隔、不同饮食活动千差万别的根源，不在于食物本身，而在于吃食物的人。

　　人类与其他生物的一个巨大差异，便是人类饮食的选择性与杂食性并存，从而能够在特定情况下改变自己长久仰赖的食物链。与单一性饮食者只吃某种或某几种食物就能满足延续生命的需求相比，杂食者所面临的饮食问题显然更为复杂。心理学家保罗·罗津（Paul Rozin）曾提出"杂食者的两难"一词，试图解释人类的饮食选择行为，并揭露包括人类在内的灵长类动物的杰出适应能力。① 杂食者面对广阔的食域，需要对食物做出判断、区分和选择，这依赖于敏锐的感官、复杂的心智认知能力以及记忆力。杂食动物演化出的这些能力，并不为人类所独有，部分哺乳动物甚至在感官能力上表现更佳。人类在饮食选择上所独有的超出其他杂食者的优势在于可以借助文化的作用，文化中累积着的无数前人的饮食经验与智慧，为人类的饮食选择提供了便捷的通道，呈

---

　　① 迈克尔·波伦：《杂食者的两难：食物的自然史》，邓子衿译，北京：中信出版集团，2017年，第 313 页。

现为多样化的饮食禁忌、规则、习俗和仪式。

各种文化的饮食传统给杂食性的人类圈画出一个范围，这不仅为人类饮食提供了便利，同时也意味着制约。"吃"是一种选择，一般情况下，饮食主体决定所食对象，而文化则前置性地控制了主体选择的可能性，如此这种决定最终成为自然生态资源、社会文化规约和个体欲望共同作用的结果。因此，人类的饮食活动呈现出超越"生物性"的复杂面貌，成为一种符号意义活动。饮食文本的意义集中展现为食者与所食之物间的主客观关联，折射出文化圈内的阶层、伦理以及政治、经济的信息。玛丽·道格拉斯在《解读一餐饭》中指出："如果食物被当作一个符码来对待，那它编码的信息将会在被表达的社会关系的模式中找到。这信息是关于阶层，包容和排斥，界线与穿越界线的交易的不同程度的。"也就是说，就文化的层面而言，每一餐饭都可能携带着一些超越膳食的社会意义；每一餐饭都可以成为一个结构化的社会事件，将社会阶层、文化传统和个体的自我认知纳入其中。

饮食文本发挥传情表意作用的过程，必然会涉及符号发送者和接收者的身份问题，因为"人一旦面对他人表达意义，或对他人表达的符号进行解释，就不得不把自己展演为某种相对应的身份"①。围绕着一餐饭，食者与食物之间拥有超乎常态的社会性关联，个体的家庭、阶层、信仰甚至伦理观念、政治倾向都能在饮食这项常态化的行为活动中获得展演，生动地传递出关于食者和整个文化社群的信息。实际上，也只有在与包括饮食在内的其他人事的关联中，个体才能够显现出某种社会身份，进而感觉到自我存在；只有在与他人、社会的符号交流中，个体才能够确定自身。

身份是伴随着符号表意的社会角色，符号交流双方认可彼此的身份是符号活动顺利展开的前提，而身份也正是通过符号活动才获得呈现。个体在文化社群中的符号活动伴随着相应的意义身份，这些身份的集合最终构成了自我。饮食是人类文化符号系统的重要组成部分，长幼之序、亲疏之别、信仰之殊、阶层之差，这些复杂的、看似无迹可寻的社会信息都可以浓缩在一餐饭食之中，都能在人们日常重复的吃喝行为中找到踪影。不仅如此，饮食中卷入的这些信息，也不断驱动着人类饮食向复杂化、精细化方向发展，不同主体间的饮食差异又与社会关系的模式相关联，甚至揭示出一定的社会弊病和极端现象。食物、饮食者、饮食者所处的文化社群，环环相扣、不可分割，没有离开食者文化的

---

① 赵毅衡：《符号学：原理与推演》，南京：南京大学出版社，2016年，第337页。

饮食活动，因为文化并不是人类心智活动的辅助物，而是它的组成部分。[①]

# 第一节　身份的呈现

饮食选择与食者的身份密切相关。所谓身份（identity），"是与符号文本相关的一个人际角色或社会角色。对于任何符号表意，都有一个身份问题"[②]。换言之，任何个体的表意行为都无法摆脱或回避一种身份的呈现。人一旦面对符号行为，无论是表达意义，还是解释意义，都会呈现出与之相应的身份。日常生活中的饮食符号表意也不例外，食者的饮食行为，不仅能够标示出其自身的某种身份，而且能折射出整个文化社群的身份指向。吃喝的结构揭示了大量的社会信息，选择何种食物、和谁一起用餐、餐桌上的礼仪规范，都或隐晦或明显地反映着饮食者的社会身份、人际关系和阶层等级，人们的饮食习惯在社会结构的作用下形成模式。

饮食者借助特定的饮食行为，甚至能够在一定程度上标示其所处的社会位置，并以此安排相应的身体体验的秩序，安排自我在文化意义体系中所处的位置，从而建立一种相对稳定的自我认同和归属感。"自我"的建构有赖于"认同"，而"认同"则需要社会群体的对比和支持。换言之，个体或社群的身份在最为"日常"的饮食行为中获得具体化呈现，围绕着饮食的活动甚至成为个体呈现身份、构筑自我的一种方式，因为"自我"的出现要靠对自己符号身份的渴望和坚守。

在食物与食者身份的关联中，地域是一个不容忽视的因素。中国饮食文化的重要特征之一，便是按照地域进行饮食分类，不同地域有不同的饮食口味。《礼记·王制》中已有"五方之民，言语不通，嗜欲不同"之言；20世纪五六十年代兴起菜系之说，计有"川、鲁、苏、粤"四大菜系，70年代以后，又出现"五大菜系""八大菜系""十大菜系"等称法；此外，另有京鲁派、苏沪派、巴蜀派、岭南派、秦陇派"五大流派"之说。[③] 虽然分类各有不同，但菜系的分类皆是将地域作为划分标准，强调不同地域饮食的差异性。地方菜系可以视为地域文化的重要组成和特殊表现，在流传存续的过程中，地域群体对相应的菜系形成身体上的依赖甚至情感上的忠诚。不断重复的地方饮食凝聚着地

---

① 克利福德·格尔茨：《文化的解释》，韩莉译，南京：译林出版社，2014年，第95页。
② 赵毅衡：《符号学：原理与推演》，南京：南京大学出版社，2016年，第337页。
③ 余世谦：《中国饮食文化的民族传统》，《复旦学报（社会科学版）》，2002年第5期，第120页。

域群体的情感认同和身份归属，人们所吃的东西既向自己也向别人说明自身的身份和文化内涵。口味的忠诚就是另一种形式的身份认同。"吃什么"和"我是谁"之间能够互相说明，食物具有身份呈现和文化认同的符号价值，不光中国菜系对不同地域群体的身份指向进行说明，即使就广义的"中餐"而言，多样的口味和宽泛的饮食形式依然指向中华民族的文化认同和身份归属。

饮食作为一种具象而常态化的符号文本，通过以味觉为主的五感渠道，传递着文化社群的集体意识和民族心理，也表达着对这种文化的身体忠诚。重复的饮食让依附于其中的情感依恋和身份认同也获得加强。地域风味的形成离不开文化所施加的影响，饮食模式与文化社群的一致性也揭示了特定的文化形式是如何得以维系的。正是依靠着持续不同的、以饮食为代表的社会活动以及人们重复而具体的实践行为，文化情感在群体中实现了从生理到心理的认同。正如欧洲人偏爱吃油炸食品取决于历史进程中逐渐形成的一种文化模式，即认为享用肉食有很高的价值，不仅是健康价值也是身份价值。因此，肉食从食品变成了象征。[1] 换言之，尽管多数人并未意识到，但特定的饮食体系正在实际生活中持续发挥着符号性功能，成为一个族群对内加强凝聚力、对外表达自我身份及强调与其他群体差异的方式之一。

正是由于食物和食者身份之间密切而复杂的关联，地域菜肴和饮食习惯总是倾向于抵制变革。如果口味不仅是一种生理偏爱，而且与童年、故乡、民族情感、文化认同息息相关，那么饮食的变更就更应该被视为一项文化议题。饮食的改变在一定情况下也就意味着食者的身份，或其所处的文化环境发生了大规模结构性的变化。当自身经历规则性变化时，比如战争或移民，人会在一定程度上被迫（同时包含主动性）重新安排自己的日常饮食活动，这实际上也是在试图重新安排相应的意义类别，从而确立自我在新的社会结构中的身份定位。正如中国饮食在"五味调和"的观念下演绎出各类菜肴，中餐蕴含着中国人对宇宙、自然和社会的独特认知，深刻指示着中国人的文化身份。当国人因留学、移民或其他原因进入异文化圈后，受制于外在环境，个体的饮食活动自然发生改变。在这种情况下，对原文化饮食和新环境饮食的态度和选择，能够部分反映出饮食者对两种文化的态度以及对自我身份的认知。

对异域饮食的主动适应在一定程度上意味着改变自我身份、融入异域文化环境的渴望；当然，在不同历史时期，也存在一些身处他国的华裔以固守原文

---

① 贡特尔·希施菲尔德：《欧洲饮食文化史：从石器时代至今的营养史》，吴裕康译，桂林：广西师范大学出版社，2006年，第5页。

化饮食的方式传达对自我文化身份的坚守。在身份和文化的关联中，饮食既是个体彰显自我身份的方式，也是文化驯化个体的日常手段。正如迈克尔·波伦在《为食物辩护》中关于美国餐饮"科学化"的论述："一个民族的饮食之道是表达和保存其文化身份最有力的方式之一，而这正是一个致力于'美国化'理想社会所不需要的。使饮食选择更加科学化，其实就是掏空其种族内涵和历史。"① 在快餐盛行、食品工业化迅速发展的现代社会，"科学的"这一营养主义的回答将饮食降解为物化的营养素，消解了饮食所代表的传统惯习以及所承载的文化意义，并试图以此消弭身份差异，将外族群体的文化选择驯化于无形。饮食体系是文化系统的重要组成部分，不同文化社群差异化的饮食选择、饥饿与浪费并存的现状、烹调的实践以及变动的用餐礼仪，构成了多样的文化符号系统，在日常生活中反复讲述着一则关于地域、文化、身份和人类智慧的传说。

兼具恒常性与特殊性的饮食活动，使其成为人类表达意义、呈现身份的重要方式。正如吉登斯所说，面对社会结构的解体，个体心理上的"危机感"固然预示着断裂与丧失，却也预示着心理上要求"一种持续的事态"，"它同样也侵入自我认同和个人情感的核心中去"。对于新的身份的追求，意味着个体敏锐地认识到"重新发现自己"的必要性，现代性作为"一种后传统的秩序，在其中，'我将如何生活'的问题，必须在有关日常生活的琐事如吃穿行的决策中得到回答，并且必须在自我认同的暂时呈现中得到解释"②。

饮食文本也更进一步地指示出个体在这个文化社群内部的阶层位置。口味不仅存在地域差异、文化之别，在不同阶层之间也有着明显的区隔。肥胖一度被理解为饮食充足、生活富裕的表现，然而其实际上更像是贫穷的标志。中西方都有调查表明，身体臃肿和超重的现象往往存在于贫困阶层。因为在收入紧缺的情况下，个体会在生物本能和经济因素的双重作用下，渴望并选择低廉而高热量的食物，以确保满足必要的生存需要；相比之下，高收入的群体才有能力去考究饮食的健康、烹调的方式等，并以此传递吃喝之外的意义。

社会学家皮埃尔·布尔迪厄在《区隔：品味判断的社会批判》中指出："社会主体，是通过他们做出区分的东西来区分自己的，如美与丑之间，高级

---

① 迈克尔·波伦：《为食物辩护：食者的宣言》，岱冈译，北京：中信出版集团，2017年，第64页。

② 安东尼·吉登斯：《现代性与自我认同》，赵旭东、方文、王铭铭译，北京：生活·读书·新知三联书店，1998年，第13～15页。

与庸俗之间，他们的地位就是在对客体的这种区分中得以表达或表露的。"①
饮食活动以其在日常生活中重复性和常态化特点，成为传达这种"区分"的重
要方式。换言之，通过对食物的等级划分，饮食者在社会中的等级身份差异得
以彰显。此外，布尔迪厄还将有闲的资产阶级的饮食习惯的特征描述为"散漫
或奢侈的趣味"，将劳动阶级的饮食习惯的特征描述为"必需的趣味"。后者所
需求的食物首先要保证分量与热量，这样才能确保为身体提供充足的能量用以
从事体力劳动；而有闲阶级的奢侈饮食趣味，则不在于食物本身所能够提供的
营养能量，而在于某种食物的特殊"性质"能否对应并代表着自身的某种"特
性"。现代社会中屡禁不止的珍稀动物宴，为这一观点提供了佐证：

> 若要招待贵客，必须找一家能尝到珍稀动物的餐馆……尽管中央政府
> 三令五申，禁食珍稀动物，但却屡禁不止。它们为何受到如此钟爱？是因
> 为有利于健康？非也，它们的罕见、昂贵与难以得到才是其受宠的真正原
> 因，客人们所品尝的是其不同寻常之处，这些珍稀动物的提供与消费体现
> 了权力，主客双方共存于这种以罕见和高贵为特征的权力关系之中。享用
> 珍品标志着控制。②

以"甲鱼宴"为代表的食用珍稀动物的宴饮风气之所以难以根除，并不是
因为这类动物本身在味感与营养上的特殊之处，而是因为其"珍稀"的特质与
"珍贵"的权力之间存在着一种连接关系，两者共同的珍稀特质使得这类饮食
成为少数人群表达自我等级与身份的符号。饮食口味或者说文化品位成为主体
的身份地位和社会等级归属的标志，特殊的食物承载着食者的文化欲望，也传
递出其所处的社会位置的信息。

在这个意义上，饮食活动是体现社会等级结构、传达主体自我特性的一种
意义方式。除了对食物某种"品性"的追求之外，食材的精巧搭配、餐具的摆
设、饭厅的视觉布置以及相伴随的宴饮娱乐等，也使得人类的饮食活动不断趋
于复杂化。对于特定阶层和身份群体而言，这种复杂化的饮食活动所体现的符
号价值和食物本身果腹的生理价值等同，不仅是必需的，甚至更加重要。因为
只有这样，饮食者才能在享用美味的同时，享受因身份展现而获得的意义
快感。

---

① 卡罗琳·考斯梅尔：《味觉：食物与哲学》，吴琼、张雷等译，北京：中国友谊出版公司，
2001年，第91~92页。
② 流心：《自我的他性——当代中国的自我系谱》，上海：上海人民出版社，2005年，第55~56
页。

关于食物的加工、搭配、精细化、复杂化以及赋予其以某种特殊意义的现象，在不同文化圈的饮食活动中表现出一种令人难以回避的共性，尽管各自复杂化的程度有所差异，精细的方向也并不相同。但正是这种普遍存在的饮食符号化的趋势，显示出人类在日常生活最基础性的活动中交织着密集的关于主体对身份、权力、渴望的意义追求。

身份是社会性的，人以群分，在特定历史时期，饮食活动甚至可以帮助主体确立和建构自我的社会身份，在迅速变化的社会中找到自我的位置。西敏司曾提出一个论点：大量享用茶、糖、烟草以及其他几样东西是典型的 18 世纪英国劳工阶级的消费习惯。在国家结构性力量与企业的组织性力量的运作下，个体在日常生活的层面上发展出某些习惯性行为，以应对刚刚形成却又已深陷其中的工业社会，以行为来回应自身无法控制的条件。[1] 特殊的饮食行为实际上在帮助饮食主体确立自我的身份，英国劳工阶级逐渐发展出喝下午茶的过程，实际上也是确定自我在工业社会中的身份的过程。

饮食的阶级性是一种文化殊相，不同阶级间的饮食差异，能够反之成为指示阶级的符号。在礼法严格的中国传统社会，饮食与文明规范、等级秩序的联系尤为突出。《礼记·礼运》中言"夫礼之初，始诸饮食。其燔黍捭豚，污尊而抔饮，蒉桴而土鼓，犹若可以致其敬于鬼神"，实际上说明了作为最早仪礼的祭礼，正是从向神灵敬献饮食的形式开始的。在仪式发展过程中，食物始终充当着重要的意义程序。也即是说，在人类社会的历史进程中，围绕饮食的活动不断强化着文明"规范"，为传统的礼法的实践发挥着重要作用。礼从食出，食礼同道，由此衍生出关于饮食的层级秩序。《礼记·礼器》中言"礼有以多为贵者……天子豆二十有六，诸公十有六，诸侯十有二，上大夫八，下大夫六"，食者的阶级身份差异，直接决定了所食之物的数量差异；而《礼记·曲礼上》中"侍饮于长者，酒进则起，拜受于尊所。长者辞，少者反席而饮。长者举未釂，少者不敢饮。长者赐，少者贱者不敢辞"，则是围绕着用餐的程序仪礼建构起社会君臣、长幼、师道的礼制与层级。

个体的地域归属、文化身份、阶级身份都能在多样化的饮食活动中获得呈现，而人类饮食精细化、复杂化的发展过程，也是其符号性递增的过程。特定的饮食行为不仅能够带来非凡的物质享受，而且也成为饮食者界定自我的某种身份并借此区别于他人的意义手段。至于家庭（私人）饮食与社会（公开）饮

---

① 西敏司：《饮食人类学：漫话餐桌上的权力与影响力》，林为正译，北京：电子工业出版社，2015 年，第 29 页。

食所呈现的巨大差异，也正是因为作为烹饪者、饮食者的主体身份发生了变化。在不同的饮食活动中，即使是同一主体也呈现出差异性身份。此外，饮食者对特定食物的选择或弃绝，戒食行为（包括选择性戒食）以及其他极端饮食行为，都是试图进入或摆脱某种身份的行为。

# 第二节　道德的考验

饮食符号化的过程，不仅关涉饮食者的身份问题，而且也意味着道德的考验。人以群聚，群体需要身份，群体需要秩序，群体也需要伦理道德，"吃与不吃"两难的选择及其与伦理道德之间的关联，是人类饮食活动独有的现象。这是因为具有主体性的个人的行为很难摆脱伦理道德的影响，人类的生存对于意义的恒定追求伴随着一种自然的道德诉求，而饮食行为与人类生存紧密的相关性，也使其相较于其他的人类活动，更加接近文化系统的核心。

人类重新定义饮食与消化的生理行为，使其作为情感传达与道德评价的工具。进食是一种基本的生理行为，但食物的刻意选择与极端饮食行为，则是人类"意义化"饮食所特有的现象，其中包含着强烈的道德倾向。特别是相对高级的烹饪的出现，属于社会阶级分层的结果，是富人的奢侈和穷人的相对不足两极分化的产物[①]，在这个过程中，与之相伴随的往往是饮食伦理的争议以及禁止奢侈和反对铺张浪费的道德规范的出台。

饮食活动和道德考验总是联系在一起。列维-斯特劳斯在《神话学：生食和熟食》中介绍了蒂姆比拉人的神话，在为了保障食物供给而开展的早期农业种植活动中，他们认为只有"死木"才是合理的燃料，但是栽培植物的过程中却需要燃烧"活木"以除草，"这种农业技术被附加上一种朦胧的负罪感，因为它以某种形式的同类相残作为文明化食物的前提"[②]。与自然的生食相比，农业种植、用火烹煮和早期食器已经属于文明化饮食的范畴，因为潜藏着"牺牲同类"的意味而蒙上道德阴影。至于肉食活动更是始终伴随着道德的考验，捕猎、宰杀、烹制、吞食，这个过程无时无刻不提醒着主体，他正以一种牺牲他者生命的方式来延续自我的生命。动物保护主义强调动物与人类共有的基本权利，因此不断地对食肉行为提出异议："吃动物合乎道德吗？"

---

① 卡罗琳·考斯梅尔：《味觉：食物与哲学》，吴琼、张雷等译，北京：中国友谊出版公司，2001年，第142页。

② 克洛德·列维-斯特劳斯：《神话学：生食和熟食》，周昌忠译，北京：中国人民大学出版社，2007年，第203页。

　　牺牲其他生物以保障自我的生存是弱肉强食的大自然所秉持的法则，生态系统中的各种生物为了维持自身的生命活动，必须以其他生物为食物，以此形成的食物链是保障生态系统平衡和稳定的关键。在这个复杂的食物链网中，人类是最高级别的消费者，但也只有人类常常受困于"这是否合乎道德"的质问。因为"人"既是生态系统中的进食者，也是文化系统中的用餐者，人类社会运转的法则与大自然的运行规律有着明显的差异，以个体权利为基础的伦理道德是人类文化系统的重要内核，道德与否的标准划出人类活动的边界线，将野蛮、血腥和暴力的行动阻隔在外（至少是大众公开的视觉范围之外），从而确保社会运行的稳定和有序。

　　人类对肉食抱以复杂而矛盾的情绪，一方面是口腹之欲，另一方面是道德质疑。品尝食物时的感官愉悦，与目睹动物宰杀时的恻隐之心是共存的，特别是涉及与人类有着情感联系的动物时，一旦被列入食材的备选范畴，就会面临群体强烈的情绪反应和道德拷问。在现代社会中引起广泛争议的食用狗肉行为，反对者正是以伦理道德为依据对此加以谴责和抨击。然而，情绪性话语和行为并不利于问题的解决，任何一种饮食习俗都只有放置在其饮食传统和文化环境中看待，才有可能认知到饮食现象背后的逻辑性，简单地依从情感和人道做出判定往往会存在偏差。

　　出于对某种动物的情感偏爱而不忍食之，这一点在不同的饮食文化中都有所体现，但跨越文化的界限对他者的饮食习俗进行评价、指责，显然既不合情理，也无益于饮食文化的发展。就人类的肉食选择而言，人类的主要食用对象是人工饲养的牲畜，如果从物种整体性的角度出发，畜牧和养殖实际上体现的是物种之间的合作、共生关系。逐渐演化发展的畜牧业和养殖业，不是源于一万年前人类对相关动物的强制统治，而是以合作的方式确保各自物种的长久延续和生存。

　　饮食和生命具有绝对的相关性，一种生物的生命延续需要以另一种生物的生命为代价，但如果将人类对肉食的欲望笼统地归结于生物本能和口腹之欲，显然在将人类饮食的命题简单化。吃与喝都涉及更深层的问题。与茹毛饮血的初态饮食相比，火的运用以及烹调的发展改变了食物的原初形态，不断精细化的烹调文本让饮食特别是肉食行为超越了野蛮和血腥的范畴，变得更加文明、精细和复杂化。文化道德系统控制着人类的饮食体系，不同社会的烹饪方式、饮食习俗显示出具体文化在饮食中所累积的智慧，人类的进食天性受控于禁忌、习俗、餐桌礼仪和民族传统，每一次进食都可能是一次自我意志和文化道德的彰显。

  节制是饮食道德的另一独特表现。饮食活动能够给人类带来非凡的感官享受。这不仅体现为"食色，性也"的生理满足，食物信息在味觉、嗅觉、视觉、触觉、听觉之间的感官融通，品尝过程所诱发的相关情感、回忆和想象的交织作用，加之文化社群的环境影响，使得饮食活动在人类享受性活动中占据着不可替代的位置。饮食被视为唯一的、长久重复而不会厌倦的享乐，虽然这种享乐也长久地卷入"节制与道德"的论争。追求美食，究竟意味着积极生活还是沉湎物欲，这之间的区别很大程度上是由文化而非食者判定的。关于饮食与道德的联系，中西文化中皆有论述，中国古代虽然强调"饮食快感"以及饮食与"美"之间的密切关联，然而以老子为代表的"粗食观"在中国历史上始终具有不绝的影响，即朴素的"甘其食"。在清静无为、道法自然的准则下，五谷杂蔬、食之有度受到普遍的推崇，而放纵性的奢侈宴饮则受到道德的批判。

  在西方历史上，帕加马的古罗马医师迦林也有类似的论述："贪吃的动物……总是在不停地吃，同时又在不断地消耗……正如柏拉图所说，它们生活中不可能存在哲学与音乐，只有高贵的动物才不会不停地吃，又不停地消耗。"[1] 饮食活动中直观的身体性特征，使之长期被西方审美活动拒绝，并且时刻面临着伦理道德和自制力的质问。"贪吃"是一项重要的文化主题，不断发展的烹调工具和技艺，将人类从长时段的咀嚼和消化中解放出来，但是吃喝所提供的非凡满足和愉悦却常与负面性评价相连。在宗教和文化传统中，"贪吃"往往被等同为放纵自我、沉湎欲望，进而成为一种应当极力避免的"罪恶"，食欲和性都被认知为一宅私事，不应纵情，更不能言于大雅之堂。因其"俗"而不作雅训，更因其"俗"而需要约束。在社会道德的指向下，"节制"和"适度"成为人类饮食活动的普遍准则，饮食的感官愉悦需要控制在文化认为合理的范围之内，并且与个体意志力和品德高尚相连接。然而，就饮食"适度"和"过度"之间的界限，以及对"贪吃"的判定标准而言，不同的文化道德系统并不一致。

  人类饮食活动所固有的感官特质，引申出关于"放纵"与"克制"的道德考验。而人类饮食活动中的极端行为，则指向了超越感官的复杂的社会问题。极端行为表现为进食障碍，包括神经性厌食症和神经性贪食症两种，并且都与社会心理因素相关。厌食者努力清空自己的身体，贪食者试图将它整个填满，

---

  ① 迈克尔·波伦：《烹：烹饪如何连接自然与文明》，胡小锐、彭月明、方慧佳译，北京：中信出版集团，2017年，第32页。

从一个极端到另一个极端，不同个体面对饮食的矛盾情绪，不仅是生理上的病态问题，而也有着文化上的复杂原因。吃是人的本能，如果一个人将最本能的部分当作一种表达潜在冲突的方式，生命就会面临挑战。在日常生活中，用"吃"和"不吃"的方式来纾解压力的大有人在，尽管程度有所不同，但都是试图以一种生理举措来解决心理问题。

从这个角度而言，生理障碍实际上只是一种表象和结果，心理以及导致心理障碍的社会文化才是多数极端饮食行为的根源。神经性厌食症常常表现为对饮食行为的有意规避，试图通过节食的手段达到降低体重的目的。这类患者的体重明显低于正常的身体标准，并且往往伴随着一系列与新陈代谢相关的疾病。一般而言，进食是生命机体的一种基础而必需的活动，也是求生的本能行为，不需要意识做出"是"或"否"的选择，身体有自然的进食欲望。正因如此，压抑本能、拒绝食物的行为，才显然无法仅从生物身体的层面找到答案，而应到患者所处的社会文化大环境中去探寻。

与此相对，神经性贪食症则通常表现为毫无节制地、迫切地吃下所有能找到的东西，没有饱腹感，没有止境，直到吃得恶心，再难以吞咽。法国心理治疗师凯瑟琳·艾尔薇在《食物瘾君子：经历并战胜贪食症》中记载了一位贪食症患者的自述："每天，回到家，吃得近乎窒息，再全部吐掉，在他们和我自己看来都是从未有过的羞愧、焦虑和毫无价值。我吃，我吞，然后清空，让自己吐得翻肠倒肚。"[1]"我不敢说我活着就是为了吃，吃是为了吐，吐是为了再吃。"[2]在实际生活中，多数的贪食症患者都会进行自我催吐，暴食和呕吐交替，连患者自己也不清楚为何会陷入这种近乎分裂的痛苦中。比起生理障碍，贪食症更接近于"瘾"症。更重要的是，无论厌食或贪食，患者对肥胖有着同样的恐惧，同样地困囿于体重和身材问题。

贪食症和厌食症尽管表现各有不同，但所传递的都是一种现代社会生存的痛苦。前者试图通过对口腔和肠胃的满足，来符号性地修复精神生活的创伤；后者则是通过拒绝进食和自我损害的方式，迎合社会环境加之于自身的规约。社会信息和道德倾向加持在饮食活动之上，甚至能让饮食中的生理特性变得模糊。社会舆论鼓吹关于"美"的现代定义，传统媒体和新媒体通过各种话语方式向女性传递以瘦为美的观念和纤细身材的重要性："瘦"和身体吸引力、社

---

① 凯瑟琳·艾尔薇：《食物瘾君子：经历并战胜贪食症》，君飞、黄雪译，上海：华东师范大学出版社，2015年，第22页。

② 凯瑟琳·艾尔薇：《食物瘾君子：经历并战胜贪食症》，君飞、黄雪译，上海：华东师范大学出版社，2015年，引言第1页。

会接受度以及成功的人生有着密切的关系，似乎生活中的一切烦恼都来源于体重和外貌，只要能够再减去一些"多余"的脂肪，就能够革尽生活的烦恼。而节食则成为首选的趋向美的方式，大众传媒诱导着个体的饮食观和审美观，让现代女性习惯任何时候都说自己正在减肥。

厌食症患者中有 90％～95％ 是女性，贪食症患者也是如此。[①] 这种进食障碍患病率的性别差异是无法忽视的。2005 年一项针对武汉市青少年节食现状的调查，随机从武汉市的初中、高中、职高、大学抽取 1883 名男、女学生，发现其中从未有过节食行为的仅占 2.3％，轻度和中度节食人数各占 71.2％ 和 26.1％，重度节食人数占 0.4％，其中女性中度和重度节食的百分比均高于男性，差别具有统计学意义。[②] 另一项针对女性瘦身的社会调查，以北京市四所高校 499 名女生为样本，关注女性的体像认识以及身体自尊，调查发现女生对理想体形存在较为一致的认知，即个体所期望的理想体形普遍比当前体形更纤瘦，即使是在体型正常甚至已经偏瘦的女生中，这一认识依然具有普遍性；被调查女生的身体自尊与身形体重存在相关，体形正常的女生的身体自尊显著低于体形偏瘦和过瘦的女生。[③] 这样的结论意味着，瘦身不再仅是肥胖者追求正常形体和健康的方式，而是大多数女性追求身体自尊和认同的途径。节食压抑进食的欲望、克制自我的天性，成为通向这个途径的重要手段。

尽管女性名义上拥有与男性同等的发展权利，但社会公共领域各项事务对女性发展的挤压和排斥，会让女性群体普遍产生焦虑和无力感，瘦身理想实际上成为女性被迫通过掌控自我身体的方式获取社会认同的手段。女性的节食瘦身不是对女性自身意志力的考验，其最终指向的是以男性为主宰的"社会规范"。诱导女性认可节制饮食以获得"纤细""诱发保护欲"的身体，实际上是对女性的束缚。正如苏珊·布朗米勒所言，"我们被可笑的但我们习以为常的美的标准所奴役"，"不顾一切地、无休止地追求外表的完美，也可以叫作女性的虚荣，也是对女性思想自由的最终束缚"[④]。

换言之，食物在文化上的"特殊意义"最终导致了部分个体的极端行为，无论是贪食还是厌食，都是饮食者试图利用极端的生理行为来表达或否认饮食

① 钱铭怡，刘鑫：《北京女大学生节食状况及进食障碍状况的初步调查》，《中国心理卫生杂志》，2002 年第 11 期。

② 柳春红：《武汉市青少年节食现状及其相关因素分析》，《中国学校卫生》，2005 年第 11 期。

③ 雷霖：《北京女大学生瘦身倾向的影响因素》，《中国心理卫生杂志》，2005 年第 3 期。

④ 苏珊·布朗米勒：《女性特质》，徐飚、朱萍译．南京：江苏人民出版社，2006 年，第 3 页、第 35 页。

的某种文化意义，规避社群的既定规约，以一种自我受虐的方式将自身置于文化的法则以外。因此，极端饮食行为在属于身体疾病的同时，也是一种文化疾病，因为造成这种疾病的根源，在于文化所缔结的饮食对患者的特殊意义。人类饮食的生物性与文化性之间难以分割的共生关系，在极端饮食行为所呈现的道德控诉中，得到最强烈的证实。

　　食物的符号意义甚至能借助道德的名义成为独特的政治力量。食物与政治存在着微妙的关联，老子在《道德经·第六十章》曾言"治大国若烹小鲜"，对此，《韩非子·解老篇》进行了论述："事大众而数摇之，则少成功；藏大器而数徙之，则多败伤；烹小鲜而数挠之，则贼其泽；治大国而数变法，则民苦之。是以有道之君贵静，不重变法。故曰：治大国者若烹小鲜。"中国古代的哲人们喜欢以烹饪之况喻政治哲学。不仅如此，《礼记》中还记载了详细的饮食规范及其与政治等级的对应性安排，烦琐的用餐礼仪反映出特定社会的政治秩序。传统的分食制更是与古代社会的宗法制度紧密相关，饮食的符号化和用餐的仪礼化是中国传统社会进行等级和政治表述的重要方式，特别是餐具规格和权力符号之间的紧密联系。

　　饮食作为政治力量的普遍性，与这种力量在不同社会之间的差异性是并存的，在 18 世纪末年的英国，饮食行为曾被打上群体道德的烙印，成为发表政治观点的媒介。选择或拒绝某种食物，都成为表达自我政治立场和观点的重要手段。1792 年，名为詹姆斯·莱特（James Wright）的英国商人在报纸上刊登一则启事，号召时为奴隶制的英国的消费者抵制蔗糖：

　　　　那些深受伤害的人所遭受的苦难和虐待，在我心中留下深刻印象；同时我也担心，身为这种物品——它似乎是奴隶销售的主要支撑——的经销商，我正在鼓励奴隶制度。因此，我借这则启事告知顾客：我打算停止销售蔗糖这种物品，直到我能经由不受污染、与奴隶制度较无关联，且较少染上人类鲜血的渠道获得它。①

　　在这则消息中，销售或购买蔗糖与支持奴隶制有着直接对应的关联，对于食物享受或拒绝的不同态度，成为表明自我政治见解的符号行为。随着社会的发展，饮食的丰盛造就多样化的选择，食物不仅是供人消费和食用的产品，它的来源、生产、加工、销售，以及个体或群体的购买及食用行为，也为道德

---

① 汤姆·斯坦迪奇：《舌尖上的历史：食物、世界大事件与人类文明的发展》，杨雅婷译，北京：中信出版社，2014 年，第 166 页。

观、文化观以及政治理念的表达提供了机会。选择某种食物，也就意味着对其所负载的符号意义和文化传统的认可。

饮食活动，实际上是一种以身体行为传达意义的符号活动。从早期农业栽培中朦胧的负罪感，到食肉行为的人道争议，再到食欲所涉及的个体品德、意志力和文化社群的传统，饮食活动呈现出强烈的道德倾向。吃与喝都承载着特殊的符号功能与文化意义，食物不再仅是满足味蕾与肠胃的纯然之物，用餐的过程也成为饮食者自我认知、自我展示以及和他人展开交流的方式。在人类的饮食系统中，有意选择的食物、特殊的用餐语境，能够在短暂的时间内，为食者带来非凡的口腹之乐和情感满足，也能让个体的身份和道德倾向获得生动的展现。

# 第三节　元语言与意义

人类的饮食符号活动，从其表意机制、感官接收以及所牵涉的身份与道德等，都关涉一个更为根本的问题，即这种系统的"意义化"饮食是如何被建构和控制的？在这个问题上，文化展示了其意义表达和解释的层控体系，即文化作为符号意义的集合，某些意义层次控制另一些意义层次。[①] 饮食的活动经由"符号－符码－文化－意识形态"的层级控制，展现出其作为意义活动的构造机制。

食物的价值意义，与其说取决于它们的物质性特征，不如说取决于食者的社群解释元语言。当食物作为符号在一个社群内发挥传情达意的功能，这背后的支撑便来自社群个体之间所共享的大体一致的意义世界，以及彼此分享的符号解释元语言。这种意义关系具有明显的文化边界，同样的食物在不同的文化社群中拥有截然不同的意义，饮物禁忌和用餐礼仪也经常在跨越文化边界后失效。

正因如此，依据理据建立起意义连接的像似符号，在表意与接收的过程中，依然必须依靠文化规约的作用，社群文化元语言控制着符号意义植入的规则，也控制着意义解释的构建规则。换言之，像似符号与对象之间究竟哪一部分具有"像似性"，分享着何种"性质"，都被文化前置性地控制着。皮尔斯曾表示，像似符号并不必然依赖实在对象，符号甚至可以反过来创造对象。这种特殊的情况证明了符号与对象之间的像似连接可能也是"虚构"的，因为对象

---

① 赵毅衡：《哲学符号学：意义世界的形成》，成都：四川大学出版社，2017年，第294页。

原本并不存在，像似符号的建立取决于符号及其所在的文化环境。不同文化社群的像似符号千差万别。

（一）文化的解释

"在符号表意中，控制文本的意义植入规则，控制解释的意义重建规则，都称为符码。"[1] 意义的传达与解释无法脱离符码独自进行。符码是单个符号表意的解释规则，而"符号的集合，一般称为元语言"[2]。元语言是饮食文本完成意义表达的关键，因为饮食活动的表意与接收都依赖元语言的作用，与此同时，人类的饮食也由于元语言的控制呈现出差异性的形态特征。

在日常生活中，文化区隔了私人饮食与公共饮食，使其呈现出完全不同的形式与意义。私人饮食是由个体自己或与个体有着亲属关系的主体所从事的烹饪行为，并且在相对私人的区域内进行就餐，这类饮食活动通常在亲密关系之间展开并成为加固彼此关系的媒介，饮食具有促进沟通、强化情感的作用。

而公共饮食则呈现出相反的面貌，饮食活动超越了亲属关系，烹饪者与饮食者在整个活动中缺乏沟通，从客人的点餐到厨师的烹调，双方之间仅有的联系通常只有"菜肴的名称"这一项；不仅如此，在同一领域内共享食物的人们也缺乏交流。食堂、餐厅等社会公共性饮食呈现出的隔阂状态完全不同于私人饮食，在这种情况下，食物失去"交流"的意义而"去符号化"。公共饮食的冷漠缩短了用餐时间，吕斯·贾尔曾指出："在一个大学餐馆内，在一千名被观察的大学生中，有超过三分之一的人在少于25分钟的时间内草草吃完了饭；在巴黎的一个社会保障机构的食堂中，两千个顾客的平均就餐时间是20分钟。"[3]

短暂是人类饮食行为的时间特质，但意义的进入会使之充实而延长饮食活动的时间。拥有亲密关系的人们在一起用餐时，显然会消耗更多的时间，眼神的交流、话语的交谈、肢体的触碰以及无处不在的情感流动，都让一餐饭食变得更有"意义"，而不再只是为求果腹的生物本能。然而在现代化的当下社会，快餐和速食的盛行，正以一种压缩用餐时间的方式不断抽离饮食的意义性，无论是私人饮食还是社会饮食，一旦过分地缩短时间，都将导致饮食"去意义化"的发生，而与之伴随的可能是传统惯习和文化内涵的受损。

---

[1] 赵毅衡：《符号学：原理与推演》，南京：南京大学出版社，2016年，第219页。
[2] 赵毅衡：《符号学：原理与推演》，南京：南京大学出版社，2016年，第222页。
[3] 米歇尔·德·塞托，吕斯·贾尔，皮埃尔·梅约尔：《日常生活实践2：居住与烹饪》，冷碧莹译，南京：南京大学出版社，2014年，第205页。

饮食的符号意义往往来源于饮食者的情感以及所处的文化传统，并且在烹调和用餐的过程中获得展现，炉火和餐桌也由此在家庭和社会中长久地占据着特殊的位置。现代快餐追求在烹调和用餐两方面的快速，不仅是"即刻"就能端上餐桌的食物，也是"即刻"便能享用完的食物，强调高速、高效和便捷的食品工业化进程，以压缩时间的方式，挤压饮食活动中的意义空间，驱使现代饮食向"去意义化"的方向发展。

（二）意识形态的评价

意识形态处于符号意义层控的最高环节，"意识形态是文化作为社会符号意义集合所必需的元语言"[①]，它控制着文化的意义方式并为之辩护，文化内部诸如性别、阶级、族群的差异在意识形态的辩护下取得"理应如此"的合理性，因为意识形态本身便意味着控制意义规则的权力。

意识形态的控制在客体上呈现为不同饮食的形态差异；在主体上表现为烹饪者与进食者在性别、阶级、种族等方面的差异。在饮食与性别的关联中，不可否认的是，男女生理性别的差异是确定既存的，然而男女的社会性别与地位以及对各自从事活动的评价，却依赖文化的建构，由深层的意识形态控制。不同状态下食物活动的性别分工、烹饪行为强烈的性别指向，都表明男女的社会性别差异以及社会地位之间的秩序化分隔。烹饪行为往往被认定为女性的职责，甚至女性本身也符号化地成为男性享用的对象，将食与性联系在一起进行叙述，在不同文化社群中获得广泛的佐证，常态化的烹饪被划归于女性事务，厨房成为女性的工作空间，而当饮食置于重大的政治事务、宗教仪式、族群共食的情况时，则是男性的独角戏。

这种在饮食事务上的性别分工不是一个生理问题，而是在文化控制下由符号使用者意义操作的结果。饮食活动关涉生存和享受，也关涉身份、道德和权力，在男女性别"不对称"的社会，文化与权力由男性宰制，男性控制着意义形态与文化，控制着饮食符号编码与解码的规则，并借此进行社会地位的秩序化区分，不同状态下食物活动的分工取决于男性，食物的符号意义的解释也属于男性。

① 赵毅衡：《哲学符号学：意义世界的形成》，成都：四川大学出版社，2017年，第310页。

# 第五章　现代消费社会中的人类饮食

　　随着社会的发展，人类逐渐进入物质丰裕的后工业化社会，尽管饥饿依然是人类饮食发展中尚未彻底解决的难题，但生产力水平的提高和科学技术的进步，无疑给人类的饮食活动带来了强烈的冲击。现代社会的饮食活动与科技发展、旅游、消费行为以及大众传媒密切相关，这些现代性因素在改变甚至取缔许多饮食传统特征的同时，也赋予了饮食以当代性的特征和意义，甚至饥饿和浪费也在现代社会中呈现出与以往不同的特征。

　　科技发展改变了食材的时间和空间特性，也改变了烹调和用餐的方式，快节奏的生产生活催生了现代"快餐"，也使人类用餐的仪礼不断趋于简化；饥饿问题不仅是经济贫困、粮食供给不足的产物，也成为国际政治交锋的领域。如何对食物进行合理的分配以减少饥饿和营养不良现象，依然是人类饮食领域的重要议题，而对食物的炫耀和浪费也在大众传媒的作用下被传播和放大。因此，现代社会的人类饮食实际上构成了一个传承和创新并重的领域，发展变革与尊重并延续传统互相作用，更重要的是，尽管人类的饮食差异与社会等级的对应性关联依然存在，但在物质相对丰裕的现代社会，鉴赏美食已经从精英阶级的特权转变为大众的狂欢，吃与喝是现代休闲、享乐和旅游的一部分，饮食活动也越来越成为现代社交媒体的宠儿，成为个体自我表现和拓展社交的重要方式。

　　在具体的饮食环节中，食材的获取、烹调实践和用餐仪礼发生着全方位变化，而大众传媒特别是新兴社交媒体的助推，也使饮食成为消费引导和自我展示的重要途径。对精细化饮食的消费，成为一种表述自我身份、塑造形象或贴近某一群体从而开展社交的意义行为。现代化是一个当下无法规避的问题，饮食的现代化一方面表现为饮食与消费相结合，并伴随着符号性的不断增强；另一方面又是日常饮食为高压而快节奏的生产生活所挤压，饮食活动的时间被侵占、形式被简化，从而不断"去意义化"。

# 第一节　现代化如何改变饮食

## 一、食材的获取：时间和空间

人类饮食的获取与加工，是一种在时间和空间向度内展开的实践行为。食材的选择和获取是由自然环境和社会文化共同决定的。在传统的饮食体系中，"选择何种食物"与时间有着节律性关联，在特定的时间或季节中获取相应的食物，这种饮食的时间特质是传统饮食的本质特征。正因如此，饮食拥有了一种划定时间节奏的能力，二十四节气便来源于人类早期农业生产活动中的观察和总结，又反之成为指导农事的节令。过"节"实际上就是在度过一个特殊的时间节点，这种特殊的时间由特定的饮食符号标示，使得时间成为一个文化圈内可以公开阅读的"集体化对象"，并以此指导集体的活动、共享文化的意义与身份。传统食材的时间特质，曾使其与特定的时间节点建立起理据性关联，从而成为后者的指示符号。饮食习俗贯穿中国的传统节日，既是规约的作用，也有理据的连接。

然而现代化改变了饮食的这种时间特性，以一种不可逆的技术洪流"掌控时间"：改变植物、动物的生长周期与季节时序，通过对横向的时段掌控与纵向的时序调整，现代化彻底改变人类饮食获取的传统法则。任何时间都能获取多样化的食材，这一现象满足了人们的饕餮之欲以及超越时间法则的冲动，但也意味着对传统饮食时间特性的"破坏"，意味着食物所携带的时间意义逐渐消弭，从而失去了标示特定时间的能力，也失去唤起人对特殊时间的情感的力量。传统节日在现代社会面临着"节日感"不断降低的困境，这不仅是由于现代工业化的生产生活取代了传统节日所依附的农业社会生活节奏，也源于现代社会丰裕而多样化的物质冲散了过去物质匮乏时期逢年过节的满足和喜悦。如今，现代人经常抱怨节日感的消弭与年味的消失，在不断追忆过去"年感"的同时，忘却了今天年夜饭桌上的菜肴在一年中的任何一天都可以出现在餐桌上。

从空间的角度而言，人类饮食活动无疑具有区域特性，一个社会群体与另一个社会群体食用的不会是完全相同的食物，因为饮食与地域环境、文化、历史紧密相连。然而，依据现代化的进程，人与物跨越空间而流动，地域生产与地域饮食之间的因果关系被打破，市场的利润可以自由沟通各大洲的人和食物，现代化使饮食从区域特性转变为空间跨越性，全球化发展使得人类的饮食逐渐趋同。没有一种文化渗透比饮食更直接，因为它与人类的生命生存直接相关，是任何人都无法回避的行为，它可以极端地文明化、符号化，也可以降为纯然的生物性本能。日常重复的饮食在潜移默化中不断调整着人们的身体状况和文化认知，当异域饮食进入本土、进入身体，其所携带的文化意义也在一定程度上一并进入，接收食物在一定程度上也意味着接收文化。

历史的进程中并不缺少食物流通以及与之相随的文化交流现象，值得注意的是，现代社会的饮食全球化在一定程度上也引起了地方性衰减的问题。全球趋同的饮食活动意味着对地方特色饮食文化的吞没。地方菜肴不断受到异地饮食入侵的威胁，社群的日常饮食选择受到影响，传统地方菜肴的传承和创新也面临着竞争和干扰。不仅如此，即使就所谓的异地饮食而言，在商业化的传播、运输甚至连锁式地进驻各地的过程中，异域饮食也在被动或主动地改变着其原有的风味，因为商业机构本就不以传承和传播饮食文化为己任，而是时刻关注和追逐风靡各地的口味，以扩展市场、获得利润。

现代消费社会也催生了食品工业，拥有人工合成的甜味、鲜艳诱人的颜色、加工后的脂肪成为现代食品的主要特征，试图蒙骗人类的感官。在演化的历史中，在物竞天择的自然法则下，动物都会依据本能寻找高能量的食物，这种行为本能印刻在基因之中。正因如此，对于包括人类在内的大多数哺乳动物而言，含有脂肪和糖的食物都会显得比较"好吃"。借助科技的发展，食品工业通过在现代加工食品中大幅增加能量密度的方式，愚弄了杂食性人类为生存而进化的饮食筛选本能。当人们的饮食预算有限时，便会购买单位热量最高且最便宜的食物，这不仅是个体出于经济成本而考虑的结果，也是生物神经系统做出的最有助于生命生存的判断。

当食品工业能够自行控制单位食品中的能量密度，也就启动了操控人类饮食系统的开关。不仅是对食物能量密度的控制，还有对人类获取食物分量的调控。人类的食量是弹性可控的，这是处于采猎时代的先民们为抵御随时可能面对的饮食匮乏所采取的必要手段，囤积脂肪、忍受饥饿、抵御饥寒，肥胖研究者曾将这种进食特征称为"节俭基因"（thrifty gene）。在食物来源不稳定、随时可能面对匮乏的处境下，弹性食量是必要而合理的生存策略，问题是在现代社会中，身体机能自动储存脂肪以抵抗饥荒风险的情况很少出现，食品工业却依然借着人体对能量的基因偏爱，策略性地操作食品密度和食物分量以获取更多利润。

现代社会和人们的饮食体系正逐渐被工业化生产线严密地组织起来。这种生产方式注重一致性、机械化、可预期性和经济规模。这种工业化生产的食品，不断进入人类的饮食领域并试图占据主要位置，虽然扩大了人类的饮食范畴、丰富了饮食选择，但食品工业是一个与传统的饮食烹调完全不同的体系，它不再顾忌饮食的健康和传统惯习，而是以利润为终极目标。这不仅意味着存在可能损害食者身体健康的风险，也使得营销和竞争不断挤压着饮食的"人文"空间。

## 二、烹调和快餐

在传统的厨房中，烹饪者依靠自我的感官和记忆进行食材的筹划、选择和组合，并展开烹调活动。这不仅是身体的实践，也是意义的操作，个体的能动性、创造性和想象力在食物烹煮的过程中得以发挥，自我的身份也在这个过程中获得展现，烹饪行为甚至能够在一定时期内成为特殊群体构筑自我身份的方式。然而，现代化重新塑造了人类的烹饪和用餐行为，科技发展带来了新的工具、新的形式以及新的学问，烹调者与其使用的器皿、进食者与其摄取的食物之间的关系被改变，现代化的厨房器具让烹调活动变得快捷，节约了烹调者的精力和时间。但是如技术发展对工厂车间劳动制度的重塑那样，科技重塑了人类的烹饪机制，在提供便利和解放的同时，也使得个体逐渐失去主体性与创造的活力，服从于机械技术的力量。

历史学家菲利普·费尔南多-阿梅斯托（Felipe Fernandez-Armesto）曾指出，"火的社会凝聚力"将群体聚集在一起，加快了人类进化的进程。用火烹饪本身就能将个体聚集起来，围绕着炉火、共同用餐的过程曾营造出前所未有的社交性和团结凝聚的群体氛围，人与人之间眼神的交流、行动的合作、美味的分享都在其间缓缓展开。但是机械主导的现代化烹调以及伴随而来的速食法则，则是冰冷的、隔离的：

> 微波炉绝对是站在基于火的厨房烹饪的对立面的，它代表了一种"反引力"，它无火无烟，那冷漠的温度也让我们感到一丝隐忧。如果说烹饪之火代表的是社会性、团体性，那么微波炉就是反社会性的。谁会聚在一个松下微波炉旁边？机械发出嗡嗡声能激发人们什么想象？透过那块双层防辐射玻璃能看到什么？只能看到里面缓缓地转着专门为一个形单影只的人单独准备的"一人份"速食。①

现代科技的发展改变了厨房和烹饪的格局，这其间的便利性毫无疑问，甚

---

① 迈克尔·波伦：《烹：烹饪如何连接自然与文明》，胡小锐、彭月明、方慧佳译，北京：中信出版集团，2017年，第89页。

至在把女性从厨房解放的活动中也发挥了助推作用。但是，需要人们关注和重视的是，在烹调和用餐变得如此便利的过程中，人类是否也因此失去了什么？各式各样、层出不穷的现代厨具和食具，究竟让烹调变得更简洁、高效，还是更复杂和无趣？

实际上，现代科技对家庭烹饪的便利化同食品工业形成了合力，这个种类丰富且快捷便利的饮食体系，不断暗示和诱惑着人们：既然工业化已经在一定程度上夺去了主体在烹饪过程中的创造性和活力，不如干脆将饮食事务彻底地交付于食品工业和餐饮业，让个体从食材获取和烹调实践的辛苦劳作中解脱出来，将这个复杂的过程横然切断，只留下令人愉悦的用餐环节。饮食变成了纯然的吃与喝，变成了休闲、消费和享乐，由此节省的时间完全可以用来享受更多、更丰富的饮食，或者留给其他比饮食更重要、更高级和更"人文"的活动。从饮食活动的生理功能出发，这种转变拥有绝对的优势；然而人类饮食还是一项文化活动，传统惯习中保留着前人的生活智慧和印迹，从获取食材到烹调再到用餐的系统过程，共同承载着饮食的人文意义。食品工业和现代化餐饮以"简化"和"便利"名义不断冲击和重塑着日常生活的饮食系统，导致日常饮食"去意义化"的转变。

快餐可谓现代化大众餐饮的一个缩影，它进一步简化了人们的"用餐"环节。快餐不仅是烹饪者能够快速完成并呈给食者的食物，对于用餐的人而言，通常也意味着能够在极短的时间内吃完。这样的一餐饭食，既没有地方文化的积淀，也不需要烹饪者和饮食者的情感交流。现代快餐的时间特性，证实了现代消费社会对传统饮食"去意义化"的改变。无论是从感官愉悦的角度，还是从人文意蕴的层面，快餐都缺乏"风味"。饮食是一项包含了"吃什么""怎么吃"以及"为什么吃"的文化活动，饮食活动中人与人之间的亲密连接、交流、分享、回忆和情感，都在追求效率的产业化和商业化运作中被磨平、统一。食品工业所贩卖的不是食物，而是商品，甚至只是一个"品牌"的概念，而且这个品牌符号和食物本身之间几乎没有任何联系。

现代化对饮食的这些改变，影响着食物所具有的标示特定时间的能力以及承载文化意义的价值，特别是大型超市中的食物，唯一与之相连的只有一枚标示价格的标签，食物这种与健康及幸福生活密切相关的东西，在销售时却只凭借一张条形码及其所代表的价格。饮食是一种强大的符号隐喻，在现代化对饮食活动的重塑过程中，人们可以从中窥见关于生活节奏、地方文化及其认同、地域风貌的维系和生物多样性的境况，而去意义化的快餐、趋同的食物供给、机械的条形码实际上指示着现代化给整个社会带来的巨大改变。

### 三、用餐仪礼

礼仪不仅是一种得体的行为，更是一连串被不断重复的程式化动作，它要求群体的共同遵守，但并不意味着一成不变。礼仪可以被严格地传承和延续，也可以被改变甚至取缔，因为礼仪不是自然天成的，无论礼仪流传的历史有多么久远，它都是由社群创造的，因此礼仪的合理性并不在于其本身，而在于它和"此刻"文化的契合性。从先民们围坐在篝火边分享食物，到以族群为边界的共食和家庭单位的用餐，再到强调私人空间的个人饮食，在这个过程中，饮食礼仪不断变化着，合食或分食、亲密无间或保持距离，饮食礼仪的具体要求依从于文化规范和民众心理的变迁。在现代社会，"个体"已经从"共同体"中分离出来，个体化意识的不断崛起以及对私人空间愈渐上涨的诉求，将曾经被视为"友好"的行为表现重新判定为"不洁净"，为一起用餐的他人布菜或者共用一份餐具，不再是现代餐桌通行的礼仪规则。打破规则，是只属于亲密者的特权。

工业化要求个体的流动性，对时间与效率有着近乎苛刻的要求，特别是在被习惯性地认知为"缺乏深度与意义"的饮食活动中，传统繁复考究的餐桌礼仪走向简化与随意，"不拘礼节"成为一个褒义词。除却特殊而正式的宴饮，在其他饮食场合讲究礼节，反而被视作矫饰做作、不合时宜的表现。僵硬的礼节被倡导自由天性的现代文化解读为"无礼"，一种冰冷的、充满距离感的表达。

文化而非本能决定了社会大多数人的行为方式。餐桌的礼仪，实际上是一种文化所选择的能恰当处理某种餐桌（甚至是餐桌以外）"需求"的有效符号，餐桌礼仪变动的背后是文化规则的变迁。任何动作都有生命与死亡，每一个时代都遵循属于它自己的心理图式和文化逻辑，工业化以其对文化元语言的冲击，重新塑造了现代社会的饮食仪礼。

## 第二节　现代饮食与网络社交、消费

### 一、作为视觉符号的饮食

互联网的发展，让现代社会的人与人、人与物之间实现了即时而高效的互联与互通，特别是近十年来从门户网站到移动新媒体的兴起，通过网络获取和传递信息、开展社交成为现代人生活的一部分。以微博为代表的"陌生人社交"和以微信为代表的"朋友圈社交"，以及 Twitter、Facebook、Instagram

等社交平台渗透了现代个体生活的方方面面。在社交网络中，视觉符号是一项重要的内容，与门户时代互联网对新闻或社会性事件的关注相比，新媒体时代社交网络具有更多的个性化特征，成为现代个体宣泄情感和记录生活的开放空间。用户通过拍摄并上传图片或辅以文字的形式进行自我展示，以达到自我满足和展开社交的目的。

在众多视觉符号中，饮食占据了重要位置，人们经常在社交媒体上发布饮食类照片，其数量远超其他场景，无论是私人空间里自制的饮食，还是相对公开的餐饮聚会，都是现代个体乐于在网络平台上着重展示的视觉内容。这不仅是由于饮食本就是人们日常生活中常态化且不断重复的活动，也得益于烹调和用餐过程中所产生的感官愉悦和记录当下的冲动，以及饮食文本所特有的审美意义和社会意义。社会心理学家乔治·米德曾提出符号互动理论，将符号视为心灵、自我和社会三者形成、变化和互相作用的工具，掌握和运用符号的过程，也就是社会客体向主观领域内化的过程，以及大脑赋意义于对象的外化过程，自我的本质通过符号化的行为外化于世。

用户在网络社交平台上展示的饮食照片和影像，实际上构成了一个符号文本编码和发送的过程，用户赋予了文本关于自我形象和情感交流的意图意义，也等待着接收者的"合理"解释。因此，用户上传的每一份照片、展示和发送的每一个视觉符号文本，都成为一次"自我介绍"的机会。

需要注意的是，社交平台作为一个开放或半开放的网络空间，其中的每一张照片都源于用户的主动上传，换言之，每一张公开发布的照片都是用户自我审核和选择的结果。社交平台上的视觉符号文本经由聚合和组合的双轴操作产生，即用户是有计划地、有选择性地通过展示特定的视觉符号进行自我形象的编码，甚至自携元语言以帮助和引导接收者进行解码。尽管筛选的过程在最终呈现的文本中隐而不显，但依然暗示着社交主体在双轴操作过程中的意义标准。在社交网络平台上，筛选、编辑和发布关于"我"的何种信息，所反映的是"我"希望在他者眼中建构起何种身份形象，或者取得自我的何种身份认同。

正是由于发送意图上的差异，社交平台上的私人性饮食和社会性餐饮的符号文本在视觉表现上有着明显的差异：私人性饮食强调的是烹调实践的过程、自我的享受或者亲友陪伴的乐趣，而社会性餐饮的视觉表现则突出饮食的精细化以及用餐的场合、环境氛围等伴随文本。拍摄者所发布的照片不仅是在记录生活、分享食物，更是在主动地暴露自我的生活轨迹，以塑造与之相应的身份和形象，并期待其他社交主体做出贴合的解释，从而展开社交活动。

完整的符号过程是一个意图意义、文本意义和解释意义交替在场的过程，从接收者的角度而言，其所作出的解释既受到文本的引导，也取决于其自身的社会性成长经历、文化和意识形态的背景制约。当解释者与发送者在生活经验、文化背景上重合较多时，文本的解释意义与意图意义就会更加趋近。这也是饮食话题之所以在众多社交网络平台上盛行的原因之一，毕竟饮食是任何个体都无法规避的、必须在日常生活中常态重复的活动，其粗简或精细、私人性或社会性的特点也易于区分、解释和达成共鸣。

与现实生活中饮食突出的生理功能相比，网络社交中的饮食文本显然具有更普遍和明显的符号性。照片是一个二维空间，它从单一的视角拍摄，记录片面的形象，反映某个特定的主题。尽管片面化本就是任何符号表意保证效率的方式，但在虚拟的网络社交空间中，用户在拍摄和上传中的选择性操作，已经构成了一种自我理想化的表演。社会学家查尔斯·霍顿·库利（Charles Horton Cooley）曾在《人类本性与社会秩序》中指出：

> 向世界展示我们的比较好的一面的这种普遍冲动，在各种职业和阶层中都有固定的表现形式。每一种行业或每一个阶层的成员，通常在一定程度上都无意识地用一些冠冕堂皇的形式进行伪装……既然如今越有特殊价值的东西越易得到承认和赞赏，那么就会有越来越多的无价值的东西来冒充它。[①]

当用户在网络社交平台上表达观点、上传图片时，用户实际上也就是在一个公开的场域中主动地向他人呈现自己。这种行为操作和"表演"相类似，并且上传者真诚地相信，网络平台上的那个人物形象就是真正的现实的自我。因为只有表演者自己预先进入"人设"、角色，才有可能有效地引导他人对自己形象产生相应认知。用户在网络平台上传的内容，总是倾向于迎合那些在社会中已获肯定和赞赏的价值，但现实中的个体行为和理念未必如此。换言之，个体在社交平台上的"表演"更像是对时下流行观念的表达性复原和重申，而不是纯粹的自我展示。

在大多数的等级社会中，阶级流动是一种普遍存在的抱负，低阶层的人渴望向更高阶层迈进，渴望财富、权力、地位和声望。而这种"渴望"首先表现为一种恰如其分的自我美化和表演，以获得一个贴近（或者说看起来像是）更

---

① 查尔斯·霍顿·库利：《人类本性与社会秩序》，包凡一、王湲译，北京：华夏出版社，1989年，第229~230页。

高阶层的机会。在这种情况下，一套恰当的符号装备是表演时所必需的，高级的餐厅、精细的饮食、餐具、标签、品牌，饮食符号系统以其无处不在的特性，让个体的日常表演能够如愿地与社会阶层相连。

智能手机的普及让个体能够随时随地记录生活，镜头下的饮食符号成为个体自我展演的重要方式。网络社交平台上的饮食展演显然是特殊而美化的，它有助于个体自我形象的塑造，也潜藏着个体隐秘的阶层欲望。正如当人们在面对镜头时总会不自觉地调整自己的姿态、面容和神情，以便显得更加好看。拍照时细微的姿势调整，与其说是个体的临时举动，不如说更像是一种约定俗成的习惯，与社会的预定模式保持高度的一致。人们的拍照习惯和身体姿态都受控于大众传媒的引导，也来源于对引领潮流的公众人物的模仿。饮食也构成了这样的一个领域，"吃什么"和"是什么"密切相关，让"消费"等同于"时尚"，饮食文本成为传递食者品味、喜好、生活状态和阶层地位的重要方式，无论是身体形态还是符号消费，都构成了这个时代所需要的表征，网络平台一如舞台和屏幕，这里的符号形式也指向了社会性的欲望。网络上铺天盖地的饮食营销、"网红"餐厅、旅游景点，迎合着大众对贴近某种身份、享受某种生活的渴望，营造出仿佛只要借助这一次的消费，就能够实现突出自我、区分他者的假象。而将这种消费符号文本发布至社交平台，更是一种主动展示和传递信息的过程，只不过既然是"表演"就会有穿帮的危险，任何细枝末节的瑕疵都有可能将其摧毁。

## 二、饮食与消费

由于信息技术、交通运输和食品工业的发展，人和食物的流动性不断增强，饮食信息的传播也更加便利。现代饮食与消费紧密相关，尽管由于食物之于生存的底线意义，食物在经济贸易中始终受控于相对严格的宏观调控，但随着科技的发展和物质的不断丰裕，食物的生产和消费愈渐市场化。从社交网络上传播的饮食文本来看，消费性餐饮在饮食文本中占据较大比例，与自制饮食所传递的自我实践的乐趣相比，消费性饮食往往具有更强烈的社会意义。

在经济史上，被消费的商品长期被划分为对立的两类，一类是被视为社会需要的必需品，一类是被视为欲望的奢侈品，必需品与奢侈品的对立构成了社会规则的一部分。① 饮食的特殊之处在于，它是毫无疑问的社会必需品，却也

---

① 蒋诗萍：《品牌文化现象的深层运作机制及其文化内蕴》，《社会科学》，2019 年第 4 期，第 186—191 页。

能成为特殊境况下反映欲望的奢侈品。在人类的饮食史上，符号性的饮食不乏其例，奢侈性、炫耀性的宴饮更是与饥馑状况并存，特别是在现代社会，符号性消费盛行，饮食的符号价值常常比食用价值更突出，经济让食物从食品变成商品，从商品变为更加复杂的消费品。显然，人们对于"物"的消费欲望是有限的，在吃下食物的那一刻已经填补了食欲、获得了饱腹感；但人们对"符号"的消费欲望却是无限的，并不会止于生理的满足。现代餐饮对用餐环境的刻意营造，食品商品对品牌标识和代言人的精心安排，都在说明着现代饮食消费的符号性意义。鲍德里亚在论述消费符号时曾指出："人们为了加入理想的团体，或者参与到一个地位更高的团体从而摆脱原团体时，往往会忽略消费物的本身，而是把物当作突出自身的明显符号。"① 当较高的阶层通过时尚的消费将自身与他者相区分，较低阶层则借助相应的符号装备来进行模仿和追逐。

而就现代社会的个体而言，消费者不仅是浸润传统文化的人，更是新兴经济体系的产物，与之相应的是这个经济体系也越来越屈从于对个人消费的满足。因此消费的对象在现代社会也有了新的意义，在新的事物法则里，改变所消费的物品成为改变身份地位的方法。消费对象和消费者的身份建立起紧密的关联，至于现代消费的饮食，无论是琳琅满足的食用商品、半开放性的餐饮，还是私人空间内烹调的食物，只要身处于现代社会经济的链环之中，就能成为食者突出自我的符号文本。

符号消费发挥着两种本质性的社会作用，一方面是统合，符号的相似能够发挥凝聚的作用；另一方面是分化，符号的差异区隔着社会人群。在饮食消费中，食物自身所固有的生物性欲望与现代经济社会的消费欲望联手，让现代社会中的个人被动或主动地在一连串的欲望聚合中呈现自我的身份。大众传媒在这个过程中发挥着重要作用，报道什么内容以及如何将这些内容重组以服务于消费，都是有选择性的。报纸、电视、广播以及日渐流行的新媒体社交平台都对饮食活动投以关注，在传播饮食信息的同时，对具体的消费行为、生活理念进行引导，甚至开辟新的消费领域及生活方式。

布尔迪厄曾提出"符号资本"的概念，"符号资本是有形的'经济资本'被转换和被伪装的形式，符号资本产生适当效应的原因是，也仅仅是因为它掩盖了它源自物质性资本形式这一事实，物质性资本同时也是符号资本各种效应的根本来源"。换言之，符号资本在社会中产生效果的基础，正在于经济资本在社会空间中不平等分配的事实。而差异化的符号体系及其自洽的文化逻辑，

① 波德里亚：《消费社会》，刘成富、全志钢译，南京：南京大学出版社，2000年，第48页。

又使得这种不平等分配获得社会层面上的"合理性"。因此，"吃什么就变成什么"有了新的内涵，不再仅是一种"像生像"的符号修辞，而是展现食者身份的重要方式。消费何种食物、选择什么食具、依据什么样的餐桌礼仪，都与个体自我秉持的身份直接相关。

以饮食体系为代表的符号系统，构成了社会等级秩序和社群主体共同参与的"巫术"，它在不知不觉地为阶级差异化的合理性进行游说，并获得社会认同。在社会真实和象征的权力关系之中、在现实生活的起居琐事和吃喝消费中，个体展现身份、发现自我、认识自我。不仅如此，现代科技的不断发展使得消费从稀缺资源向社会剩余物扩张，精细化的饮食及餐饮消费不再专属于精英阶层，饮食与旅游的联系日渐紧密，转而成为大众化和平民化的休闲享乐。

## 第三节　现代饮食的标出问题

在人类的饮食史上，饮食系统从以"生食"为主向以"熟食"为主的转变，被视为人类从自然走向文明的标志之一，也即自然与文明的标出性翻转。前文明时期，人类普遍食用从自然环境中获取的生食，而熟食只能在少数情况下偶然获得，因此普遍的生食成为饮食的"正项"，而少见的熟食则被标出为"异项"。随着人类对火的掌握和日益增长的工具技能，人类饮食的标出性发生翻转，熟食变得常见继而取代了生食的正项地位，并且反之将未经烹调的食物视为异项标出。这种饮食标出性翻转的背后是自然向文明的演进历程，不断发展的文化社会带来不断精细化的熟食，也不断加固着熟食的正项地位。

标出是文化的作用，何者为正项、何者为异项，取决于社会文化元语言在对立而不对称的两项之间做出判定的规则。列维－斯特劳斯在《有二元组织这回事吗》中曾谈道："我们研究的社会结构可以既是二元的，也是不对称的，甚至可以说，它们非这样不可。"对立项之间的不对称是一项在二元之间普遍存在的法则，而每一次的正项与异项翻转的背后，都有社会文化元语言变迁的作用。人类的饮食偏好不仅是一项生理活动，更是一个复杂的文化问题。在现代饮食活动中，"自然"对"文明"的入侵越来越明显，不仅体现在生食对熟食的挑战，而且在更大程度上反映出人们开始试图将饮食活动"返璞归真"。不断出现的食品安全问题和产业化养殖的危害，加剧了人们对高度文明化、精细化饮食的焦虑和不安，"慢食运动"和"有机化饮食"的兴起、"食法自然"观念的流行，都是人们试图摒弃工业、技术和文明对饮食的干扰的努力。然而，现代社会的这种自然饮食并不完全等同于前文明时期的"生食"，而只是文明社会发展至一定阶段的特殊产物。

就目前社会而言，"熟食"的正项地位牢不可破，因为早在人类从自然迈向文明的节点性时刻，烹调与熟食就已经切实地参与了人类身体进化和社会演化的历程，它重新塑造了人类的大脑、肠胃和工具传统，显然这些改变从人类整体发展的角度而言，是不可逆的，也是难以改变的。饮食在"生"与"熟"之间的发展取决于社会文化的变迁，只有文化元语言的改变才能够让人类长期坚持的饮食惯习在很短的时间内发生改变，翻转标出性。但是，人类的文明历程依据线性发展具有不可逆性，饮食向"自然"的回归只能是一个程度的问题，而很难实现真正的翻转。

实际上，无论"自然"与"文明"何者标出，人类的饮食行为中都包含着对"自然"与"文明"的双重渴求，这是人类欲望本质里存在的矛盾。西敏司在讲述杏仁蛋白糖霜这种食物时曾指出："人类的纯洁梦里存在矛盾，我们一方面想要有个纯洁自然的世界，没有人类行为所带来的后果干扰，而另一方面我们所追求的舒适、富裕、饱足、人身安全，却又常常优先于我们梦寐以求与无人为因素影响的自然。"[1] 人类在渴求现代化对饮食的改变，以及由此而来的便利的同时，又深感焦虑与不安，希冀着没有文明污染的自然饮食。

现代社会的发展让人类的饮食更加丰富而多样，人们一方面习惯接受自己熟悉的食物，以保障进食的安全；另一方面又在消费社会的刺激下不断追逐新的味道，尊重传统和"尝鲜"的欲望共存于现代个体的身上。饮食是一项日常活动，也是一个复杂的问题，它不仅涉及生理饥饿、身体快感的满足，也对生存的欲望和探索具有重要的价值。"找到新的食物才能生存下去"，是人类进化过程中的生存本能。这种原初的求生欲望在社会发展与文明演进的过程中趋向复杂，新的食物意味着新的欲望和追求。人有生存本能，这是人与其他生物的共性；人也必定有意义本能，这是人之为人所必需的。

社会文化元语言的变迁与人类欲望本质中的矛盾，使现代的人类饮食夹在"现代化"与"返璞归真"的矛盾之中，若走向前者的极端，即疯狂的现代化，这可能终会摧毁个体关于饮食的实践与认知能力，完全陷入饮食高度工业化的焦虑与不安之中；若走向后者的极端，人类的饮食将与社会的文明程度彻底背离，而这种情况只能是特殊的、个别的，因为与文化根基脱节的行为从根本上而言不可能实现。

---

① 西敏司：《饮食人类学：漫话餐桌上的权力与影响力》，林为正译，北京：电子工业出版社，2015年，第81页。

　　在一味地"返璞归真"与彻底地"现代化"之间，个体的创造与实践的理智是给饮食活动留有适宜之地的唯一方式。现代社会的饮食活动既不能完全地"去意义化"，沦为为节约时间而快速完成的果腹程序，更不能完全地消费化、商品化，使之完全淹没在符号的欲望中。任何个体都有权在自身的一部分之上施展权利与选择的能力，这是日常饮食问题为何如此重要的原因。尽管饮食的地方性不断受到全球化进程的冲击，机械化的厨具不断改变人类的烹饪传统，食品工业急迫地重塑着人们的饮食范围和惯习，饮食依然为具有主体性的人们构筑起一个发挥主动性和实践能力的领域。饮食和烹调的核心意义正在于它以一种特殊的方式让人们与世界建立起联系，与过去、现在、未来，与此地、异地，与自然、文明，与自我、他者，与其他人、其他物种等建立起联系。然而，工业经济体制有一套复杂的产业链和运营机制，让这些重要的联系变得模糊，变得不为人知。

　　被动地消费工业生产的标准化产品，绝不应成为人类饮食活动的法则。在一个高度工业化、自动化和商品化的社会，在令人眼花缭乱、无所适从的抽象产品和服务面前，在数不尽的 App、爆炸般的信息资讯、令人困惑的流量面前，亲力亲为的烹调和饮食，亲身体验自煮自食的乐趣，更像是一则新兴的"独立宣言"，帮助我们找回与自己、与他人、与世界的相处之道。人类的饮食在满足身体进食欲望的同时，也进行着意识对意义的追求，抛弃饮食的"物性"或者剥离其"符号性"，都是不切实际的。坚持饮食"物－符号"二联体的属性，坚持人的本质所拥有的寻找意义与选择意义的能力，在日常重复的常态化饮食活动中，在生命不断的延续与意识的延展中，个体构筑了自身，并以此生存于世。

# 第六章　中国当代文学中的饮食叙述

　　在人类的发展史上，饮食活动一度占据人类生活的中心位置，食物的获取、加工、烹制和享用占用了早期人类多数的时间和精力，保障基础的生命生存是展开其他一切活动的前提。随着社会发展和文明演进，人类获取食物的方式趋于稳定，农业社会生产和畜牧的相对稳定，加之食物加工和烹制工具逐渐多样化，人类的食物供给趋向稳定和有序，饮食活动也逐渐从生活的中心降为每日例行事务的一部分，变得重复、常规以至无须投入过多的精力。在历史演进的过程中，个体依从社会运行和生产生活的节奏，形成了大体上一日三餐的饮食习惯，身体也会在相对固定的时间发出饥饿的信号以提醒进食，进食之外的其他时间则被人们投放在更加复杂、更有意义、更凸显人之为人的活动中。

　　饮食具有生物和文化的双重属性，"吃与喝"的重要性被认可，感官体验及其愉悦性在现实生活中被推崇，但由于现实食物作为生存必需品的使用价值过于直接而突出，饮食往往被习惯性地视作给机体补充能量的常规化活动，是身体饥饿、吞咽、进食后餍足，直到再次饥饿的生理循环，这个过程并不值得思维的专注，更不用进行意义的沉思。哪怕身处于极度饥饿或特殊的仪式庆典中，常态化的饮食都易于被追求高效的大脑进行"惯性化"的处理，即与面对其他惯习性的活动一样，以一种无须深思的方式被对待和理解。

　　饮食自有其意义，它有超越生理功能和感官愉悦的符号价值，但当人们置身于高速运转的现代生产生活之中，面对日常生活的每一餐饭食时，"好吃的就可以"成为一个普遍诱惑，让饮食停留在身体的生物性满足，止步于感官体验的愉悦，将有限的时间和精力投注于其他社会活动。然而，当被现实生活"去意义化"的饮食出现在被体裁强制要求思维专注和意义思考的文学叙述中，饮食又将扮演何种意义角色？人们又将做出何种解释？

　　符号文本的体裁会带来相应的意义效应，因为文化的解读程式具有体裁强制性。饮食现象出现在文学叙述中便迫使人们将其作为文学的一部分进行解读和欣赏。文学与饮食的关联，主要体现在两个方面：一是文学源于生活、反映生活，叙述的文本世界是可能世界与实在世界通达的结果，而饮食是生活中不可或缺的部分，饮食作为生理活动在延续和保障生命生存中的重要性，以及作为意义活动在社会文化系统中的符号价值，都使其经常性地成为文学文本通达现实生活的切口，以此反映生活、展开叙述。二是文学叙述与饮食活动在传达意义上的共性，两者都是意义世界的重要组成，尽管文学属于艺术的领域，而饮食在很大程度上停留在实践的层面，但饮食所拥有的多重感官特质和人文意义与文学的"意感"同属于人类感性经验的范畴。"五感"与"意感"的相通呈现出饮食与文学的内在连接，品味饮食与阅读一样，都是通过体会一种味道、情意，从而获得更丰富的意味与领会。

　　文学是一种创造性的艺术，也是一种"社会现象、文化现象和生命现象"，它不是抽象的思辨和纯粹的想象，而是通达于实在世界，从纷繁复杂的生活中提炼故事，以现实生活的感性经验为基础。因此，当文学叙述聚焦于人类活动中与生存直接相关、从根本上必不可缺的饮食时，文学作为人学的特质也更加明显而清晰，文本接收者对叙述的理解也由于自身生活经历和文化经验的作用而更显深刻。林乃燊在《中国饮食文化》中指出："所有美学都是人类感性认识的升华。饮食之为味感美学，与音乐之为听感美学，绘画之为视感美学，文学作品之为意感美学一样，同是人类美学园地一簇永开不败的绚丽之花。"①将饮食视为味感美学虽然并未涵盖饮食的所有感官特性，但也肯定了饮食所拥有的感官特质与文学的"意感"在人类感性经验上的互联互通，在饮食与文学的意感关联中，对生活的品味成为连接两者的节点。

　　文学与饮食的相遇，不仅印证了文学作为人学的属性，也不断提醒着人类现实存在的肉体性，即为了维持生命生存，人类必须不停地进食，这一点与其他动物无异。不仅如此，得益于艺术表现和现实生活之间的差异，文学叙述也让人们能够拉开一定的距离，暂时地从实际吃喝这种例行事务中脱身，摆脱将饮食"去意义化"的思维惯性，再度审视和思考这一活动可能拥有的超越生物性进食的社会意义。文化默认了文学叙述必然有所寓意，因此，当短暂而即时的身体性活动成为恒久而艺术的文学叙述重点，便给人们提供了一个新的方向，去发现那些在现实中被忽略的饮食和食物的意义。

　　饮食模式揭示了一定的社会结构，"吃什么""使用何种餐具""和谁一起用餐"，都显示着饮食和社会符号系统之间的紧密联系。当饮食置于文学叙述之中，它与实在生活既保持一定的重合与连贯，又因文学的创造性而获得夸

---

　　① 林乃燊：《中国饮食文化》，上海：上海人民出版社，1989年，第2页。

张、变形和新生的机会。文学叙述中的饮食不是对实际饮食及其意义的临摹，而是依据自身体裁的作用将饮食拉进艺术表现的世界，迫使人们重新审视生活中的庸常之事，迫使眼睛在生活的碎屑根基中发现宏大的历史动荡和社会变迁的痕迹，以及那些通常归属于重大事物的激烈和精妙。

在文学叙述中，饮食场景经常成为叙述情节的一部分，或是诱发回忆的引子，或是事件发生的背景、戏剧性的焦点和暗示性的线索等。对于饮食节制或放纵的态度，也能够成为暗示文本人物的性格特征的符号行为，即使是相同的饮食倾向在不同的文本叙述语境中可以获得完全不同的意义：享受饮食，既可以是精力充沛、热爱生活的体现，也可以被解释为愚蠢地沉浸于肤浅的感官愉悦；节制饮食，既可以是意志力和高尚品格的体现，也可能意味着对身体需要的刻意回避和畏惧。

饥饿和浪费作为人类饮食的两个极端，也在文学叙述中获得艺术的变形。不同于日常生活饮食在"物"与"符号"之间的常态滑动，文学叙述的创造性能够建构起一个不受现实直接干扰的文本世界，将文本人物自由地放置于各种极端境况之下，并以其饮食状态进行人物生存境况和时代风云的书写。在这个过程中，饮食所独有的生理功能、感官特性和符号价值与人物的情感、回忆和想象相配合，成为传递文本寓意的重要线索，甚至与广阔的社会文化语境建立起连接。不同历史时期和文化语境中的饮食活动各有差异，与之相应的是文学叙述的时代性和文化性特征。因此，聚焦于特定历史时段的饮食文学叙述，为人们反思饮食文化、反思时代生活提供了一个独到的视角。

本书将重点关注中国当代文学中的饮食叙述，一方面是由于在中国文学史上，受制于"文以载道"的人文传统，饮食被长久地隔离在主流文学叙述之外，即使存在与饮食相关的叙述，也主要是片段式的借饮食言说礼制、人伦和政治。直至明代中国第一部文人独立创作的长篇白话世情小说《金瓶梅》出现，将饮食与情色并重作为文本叙述的重点。清代乾隆年间，在中国古典白话小说的巅峰之作《红楼梦》中，饮食不仅在叙述中占据重要篇幅，更成为文本反映宁荣二府贵族生活本质的重要线索。而初刊于1792年的《随园食单》则是第一部以饮食和烹调为主题并单独成册刊印之书，袁枚采用了文言随笔的形式，讲述江浙一带的饮食之况和烹调之术，对后世"以言助味"的饮食散文影响深远。进入20世纪，周作人正式开启了饮食叙述的美文传统，作为现代散文"闲适派"的开创者和实践者，对日常琐事和闲适生活的关注使其将饮食趣味视为文学书写的重要内容之一，《北京的茶食》《故乡的野菜》等文章专写食事，文风清雅。随着闲适散文的发展，饮食美文逐渐形成系统，林语堂秉持着

"闲适哲学"和"享受生活"的观念，将中西方饮食进行比较。而梁实秋的《雅舍谈吃》则集中性地收录散文 57 篇，每篇皆以食物名称为题，将饮食的生理需求和艺术趣味相结合，"谈吃"俨然成为文人感怀生活的视角之一。在饮食叙述的美文传统中，汪曾祺可谓一个集大成者，既继承了闲适性饮食叙述的文人趣味，又突出自然乡俗的生活感，将饮食之事与情感及人性之真善美融合在一起。

20 世纪五六十年代，中国文学以革命现实主义为主潮，专注于民主革命和阶级斗争的宏大主题，强调人物在历史中的成长和觉悟，并未给饮食琐事留有篇幅，唯有老舍 1957 年发表的戏剧《茶馆》将一方饮茶之地作为窥视都市生活的窗口。七八十年代，历经"伤痕""反思""改革"文学的复苏和发展，特别是 1985 年前后兴起的寻根思潮，饮食再度被拉回文学叙述之中。张贤亮在《绿化树》《男人的一半是女人》中讲述传统知识分子在物质匮乏下的精神转变，饮食活动与个体的意志力以及灵与肉的搏斗相连；陆文夫在《美食家》中刻画了姑苏城的精致佳肴和鉴赏美食的人生情状；阿城在《棋王》中将"吃饭"和"下棋"并重，特定历史时期的"吃相"就是生存之相、社会之相；王安忆的《长恨歌》中日复一日的下午茶成为上海城市面貌的生动反映。

随着历史的发展演进，"先锋派""新写实风格"相继出现并不断发展，莫言和余华叙述个体在极度饥饿状态下的求生本能和策略，探寻饮食之事与历史、政治、人性的关联。随着市场化机制和信息技术的发展，物质的丰裕、消费和享乐观念的兴起，让随笔式的饮食美文再次流行，蔡澜、韩良忆、沈宏非、殳俏、二毛、庄祖宜等美食作家不断涌现，生活杂志、报纸、网络门户和新媒体平台上常见饮食叙述，多强调烹调和用餐的乐趣，将饮食与人生境遇、情感和消费理念相结合。

当代文学的饮食叙述与当代社会的历史进程密切相关，社会和时代的动荡导致饮食叙述发展的曲折，但从整体而言，饮食叙述依然在当代文学中获得了前所未有的系统性和深刻性，从特定时期的饥荒惨状到美食品鉴、人生感怀，再到消费浪费、旅游享乐等，饮食与个体的成长经历、地域文化和政治历史产生了千丝万缕的关联，映射出当代中国的复杂面貌。

在综合考虑饮食叙述的集中性、书写深度和时代相关性的情况下，本书将以中国当代文学为范围。然而由于文学文本数量众多，不可能对相关饮食叙述进行巨细无遗的分析，因此，后文需要选取具有代表性的作家、作品进行个案分析，其间的取舍标准则是饮食叙述的集中与否、文化意蕴的厚薄以及叙述主题的相对区分。

汪曾祺是饮食美文的集大成者，他代表了自周作人始的"闲适派"散文叙述饮食趣味的传统，又将这种趣味扩展至乡野民间。鲜明的生活感让汪曾祺笔下的饮食之味成为生活之味的真实反映，这种将饮食与生活本真相连的叙述方式对后世的饮食文学影响深远，即使是在现今深受信息技术和消费主义影响的美食写作中，依然可找到这种叙述的影响痕迹。

阿城是寻根文学的代表作家，也是少有的将"吃"作为小说叙述情节重点的作家。《棋王》既讲述了一则下棋悟道的寻根故事，又刻画了一个时代的饥饿和"吃相"。将饮食与历史相连，以一代人的饥饿讲述一段历史的饥饿，这种突出饥饿的时代性和历史内涵的叙述方式，让饥饿从一种生理感觉转变为社会议题，促进了人们对饥饿现象的审视和反思，也开启了小说书写饥饿以折射社会动荡的历史的叙述方式。

陆文夫的饮食叙述也反映历史的风云变化，但与阿城的饥饿叙述相反，陆文夫的叙述重点在于美食以及美食命运的起伏，这代表了饮食叙述的另一方向。虽然美食与饥饿同属于人类饮食的范畴，但饥饿所指示的生存危机显然更易与社会相关联，而以往的美食叙述多表现为散文的形式和相对闲适的主题。陆文夫的特殊之处正在于，他将不同个体对待美食的心路历程剥开，说明了饮食的关键始终在于食者及其所处文化的状态。

余华是 20 世纪 80 年代以来中国当代文学史上最重要的作家之一，其作品多被置于"新时期"以降的先锋脉络中加以考察，而饮食叙述多集中在《在细雨中呼喊》《活着》《许三观卖血记》等由"先锋"向"现实"转型的文本之中。余华的饮食叙述是一种"化解饥饿"的叙述，他刻意淡化了叙述的时代背景，将饥饿和历史的关联悬置，生命的过程就是生命的意义，从而将饮食叙述引向对人类根本生存境况的探寻层面。

莫言的作品很少涉及常态化的饮食活动，而是展现了从"极端饥饿"到"极致吃喝"的巨大张力。他的笔下建构起一个又一个关乎生命生存的文本世界，让人物在饥饿、饱腹、撑胀和奢靡之间循环。从《透明的红萝卜》《丰乳肥臀》等作品到《酒国》《红树林》，从"饥饿"到"吃人"，文本人物始终在生存和死亡的边缘地带徘徊，特别是《酒国》构成了一则 20 世纪末中国饮食文化的寓言，审视着人的生命力在现代文明进步中的异化现象。

本书通过选取上述五位作家的作品进行文本分析，探寻饮食叙述在中国当代文学中的大致面貌和脉络，在论证人类饮食活动普遍意义性的同时，借助中国当代文学与历史境况的紧密联系，对饮食作用于社会的方式及其意义做出思考。

# 第一节　汪曾祺：从"文人雅趣"到"人生本味"

在饮食文学中，散文是重要的叙述方式之一，这不仅得益于中国古典文学长久延续的散文传统，也因其"常行于所当行，常止于所不可不止"[①] 的行文特点，与个体片段式的饮食经验和人生感怀相契合。在中国当代文学史上，以周作人为代表的"闲适派"开启了饮食叙述的美文传统，但彼时的叙述仍主要限于文人的雅趣，在数量规模上也尚未形成系统。随着饮食美文的发展，汪曾祺的叙述可谓这种传统的集大成者，不仅文本数量更多，而且叙述主题也从文人趣味扩展至人生境遇和生活本味的层面。

从故乡江苏高邮到"第二故乡"昆明，再到下放劳作的农场以及长久生活的北京，汪曾祺依据自身的人生经历构筑起文学叙述的四方艺术空间。在这个过程中，自发自觉地将饮食与文学联系在一起是汪曾祺文学创作的常态。这种将味觉经验与情感意味相结合的表述方式，不仅体现在散文创作传统中，也延伸到小说叙述中，"我们在小说里要表现的文化，首先是现在的、活着的；其次是昨天的、消逝不久的。理由很简单，因为我们可以看得见，摸得着，尝得出，想得透"[②]。饮食当然是"看得见，摸得着，尝得出"的，其在视觉、触觉、嗅觉和味觉上的感官特性，同时指示了这项活动的生理功能和文化特性。

汪曾祺曾直言，"我以为风俗是一个民族集体创作的生活抒情诗"[③]，将人生活的风俗与抒情性文学联系在一起。风俗与风味相关联，地域饮食所散发的独特味道和形成并支持这种饮食风味延续留存的民族心理息息相关。作为"中国式的抒情的人道主义者"，汪曾祺对于"看得见，摸得着，尝得出"的饮食的书写，实际上就是对民族风俗和心理的感知。因此，在汪曾祺的文学叙述中，饮食与文学之间存在一种互相生成的关系。因味生文，正是依靠对人事风景、草木鱼虫、瓜果食物等可视、可触、可感的日常生活的品味，作者方能不断地委托叙述者展开如"春初新韭，秋末晚菘"的文学叙述，经由饮食所引发的感官愉悦和人生情感是催生文学叙述的重要因素；以文助味，汪曾祺自散文和小说叙述中所呈现的饮食雅趣、知识考据，以及温热的情怀和独特的文人身份，也让饮食超越了纯粹的身体感官知觉的范畴，转而成为一种意义活动，使

---

① 苏轼：《与谢民师推官书》，《苏轼文集》第四册，北京：中华书局，1986 年，第 1419 页。
② 汪曾祺：《肉食者不鄙·吃食和文学》，北京：中信出版集团，2018 年，第 318 页。
③ 汪曾祺：《汪曾祺全集·第三卷》，北京：北京师范大学出版社，1998 年，第 219 页。

人们在品味食物的过程中，感知人事风俗，品味人生本味。

## 一、归于人生本味的饮食

汪曾祺将饮食作为文学叙述的重要内容以及寄意人文意蕴的重要线索，其笔下的饮食往往与某时、某地连接在一起，在对地方饮食的叙述中建构起曲折的人生经历与随遇而安的生活态度。吃食不仅是感知生活愉悦、催生文学叙述的重要源泉，也是携带着人世情感和文化意义的符号。从念念不忘的高邮鸭蛋、炒米焦屑、咸菜茨菇汤，到昆明的米线饵块、汽锅鸡、宣威火腿，再到下放农场的果品、马铃薯，以及北京烤鸭、淮安狮子头、苏州乳腐肉、蒙古手把肉，四方食事、五味俱全，汪曾祺文学作品中的饮食叙述所涉范围极广，正如施叔青所言，汪曾祺的饮食叙述在现代作家中，"不仅作品量多，谈的范围也最广，从古到今无不涉猎，连宋朝人的吃喝随手拈来，均可成文。谈吃之文章影响也最深广"①。

由于深受饮食美文传统的影响，汪曾祺的饮食叙述往往聚焦于庸常的世俗生活饮食本身，甚少卷入宏大叙述的语境，字里行间流淌着的都是文人的雅趣、爱好和愉悦。"吃肉，一般是要喝酒的""羊肉要秋天才好吃，大概要到阴历九月，羊才上膘，才肥。羊上了膘，人才可以去'贴'""做虾饼，以爆炒的韭菜骨朵儿衬底，美不可言"，饮食叙述建基在本真的生活之上，保留着生活的原味，不以言辞进行刻意的修饰和加工。特别是针对家乡吃食的叙述，汪曾祺所择取的都是根植于童年成长记忆的吃食，端午的鸭蛋、清明的螺蛳、动乱时期的炒米和焦屑，简朴而常见的吃食经由感官渠道在身体上印刻"滞留"，并在文学叙述中获得重现、加深，甚至依靠叙述升华了这种饮食记忆。《故乡的食物》中曾言及：

> 端午一早，鸭蛋煮熟了，由孩子自己去挑一个。鸭蛋有什么可挑的呢？有！一要挑淡青壳的。鸭蛋壳有白的和淡青的两种。二要挑形状好看的。别说鸭蛋都是一样的，细看却不同。有的样子蠢，有的秀气。挑好了，装在络子里，挂在大襟的纽扣上。这有什么好看的呢？然而它是孩子心爱的饰物。鸭蛋络子挂了多半天，什么时候一高兴，就把络子里的鸭蛋掏出来，吃了。②

① 焦桐、林永福：《赶赴繁花盛放的飨宴：饮食文学国际研讨会论文集》，台北：时报文化出版有限公司，1999年，第460页。

② 汪曾祺：《肉食者不鄙·故乡的食物》，北京：中信出版集团，2018年，第112~113页。

　　叙述中的故乡端午的鸭蛋并非名贵或珍稀的佳肴，却在记忆的酝酿下获得了非凡的风味与乐趣，文学叙述能够重现个体的饮食记忆，在叙述饮食的同时，令人再次品味童年的愉悦、轻甜和微苦。人类的饮食活动是现实生活无法回避的一环，无论经历是愉悦还是苦涩，饮食都能以相符的感官知觉和记忆，成为传递人生情感和意义的重要符号线索。汪曾祺曾表示："我想把生活中真实的东西、美好的东西、人的美、人的诗意告诉人们，使人们的心灵得到滋润，增强对生活的信心、信念。"① 生活中真实而美好的东西自然绕不开饮食，这不仅是由于饮食之于人类的生存必需性、感官愉悦性，更在于饮食经由记忆和想象的作用，在人类情感和意义生活中占据着重要位置。

　　当文学叙述极度地贴靠生活、聚焦常事，往往能够由此发现平淡生活的诗意和趣味。汪曾祺的饮食叙述显然是一种文人式的讲述，但又将饮食叙述从文人雅趣扩展至大雅若俗的人生本味，在真实地保持生活饮食原貌的同时，传递着真诚、敏感和纯净的人情体验。饮食叙述让本就联通五感的人类饮食进一步与"意感"相连，吃食之于文学叙述的价值，不仅在于其作为真淳生活中不可规避的活动为个体的生命延续与感官享受做出的贡献，更在于其经过文学叙述的编织催生并加强了"意感"，饮食携带着本真的情感道德。在这个层面上，饮食叙述成为一种以书写味觉经验传递情感意义的叙述。

　　正是由于将饮食之味归于人生本味的诉求，汪曾祺的饮食叙述明显排斥过分加工的工艺菜和矫揉式的用餐行为：

　　　　现在常见的工艺菜，是用鸡片、腰片、黄瓜、山楂糕、小樱桃、罐头豌豆……摆弄出来的龙、凤、鹤，华而不实。用鸡茸捏出一个一个椭圆的球球，安上尾巴，是金鱼，实在叫人恶心。有的工艺菜在大盘子里装成一座架空的桥，真是匪夷所思。还有在工艺菜上装上彩色小灯泡的，闪闪烁烁，这简直是：胡闹！②

　　对视觉信息在饮食接收中"喧宾夺主"的批判，显示出汪曾祺以味觉为重且追求本味的饮食观。饮食叙述是通过艺术心灵贴靠本味真淳的生活，重现对生活的温爱与情怀。因此，存本味、去雕饰的饮食活动才是汪曾祺饮食叙述肯定和凸出的重点。这种以饮食联系生活、以饮食观表达人生观的叙述方式，在今天流行于报刊和新媒体的美食写作中依然可以窥见，但由于社会发展和文化

---

　　① 汪曾祺：《美学感情的需要和社会效果》，《汪曾祺全集·第三卷》，北京：北京师范大学出版社，1998年，第285页。
　　② 汪曾祺：《肉食者不鄙》，北京：中信出版集团，2018年，第333页。

变迁，相似的叙述方式呈现出完全不同的饮食观和人生观，将汪曾祺的饮食叙述与现今颇具人气的美食作家殳俏的叙述相对比，这种差异性格外凸显：

> 中国菜的特色是乡野，或者豪情，往北面的菜品有点粗，往南面的虽说言必称美食，却有不顾体面只顾舌头满地找食之嫌，失却了顶级的尊严。①

> 有一家与 Chka Licious 距离不远的日本鱼生餐馆"Jewel Bako"（珠宝盒），更是名副其实，从餐馆面积到客人座位到菜式出口，无一不是如珠宝盒般迷你，如珠宝盒般精致，如珠宝盒般昂贵。②

殳俏笔下"失了顶级的尊严"的"乡野""豪情"，正是汪曾祺饮食叙述所追求的人生本味。不仅如此，殳俏所追求的是由联动五感的菜品（视觉尤为重要）、餐厅环境、服务，甚至同处一个餐厅用餐的其他客人所构筑起的饮食全文本，所谓"顶级"实际上暗示着俯视的身份姿态，享受经由饮食而来的身份和阶级快感。汪曾祺的饮食叙述则与之相反，当味觉与视觉（或其他感官渠道）在饮食活动中形成竞争关系时，强调味觉在饮食感官中的中心地位，反对视觉或其他感官渠道和其他伴随因素对饮食体验的过分"干扰"，在叙述归于生活本味的饮食的同时，将四方食事与人生滋味一同咀嚼。

汪曾祺的饮食叙述浸润着文人的趣味和真实的生活感，传达着对现世生活现象的品味与鉴赏，在平淡生活中感知温情与乐趣，正视人世的享乐而不矫饰做作，体验生命历程的艰辛而又超脱。更重要的是，这种饮食叙述不仅继承了饮食美文中文人趣味的一贯传统，而且保持着一种与"民间"相处平等的姿态，寄托着生活的从容、趣味和节制的道德。

## 二、言以助味的知识考据

汪曾祺的饮食叙述中常有一种自发自觉的知识考据特色，将所述饮食的来历、掌故、名称、做法及变迁——列出，成就文以助味的效果。散文《鳜鱼》从一首名为《双鱼》的题画诗切入，详细地论述了"鳜鱼""鲑花鱼""鳜鱼""厥鱼""桂鱼"等名称的来历与变迁；《故乡的野菜》中详细叙述家乡的野菜品类、烹调方式，同时论及明朝时家乡所出的散曲家王磐的散曲成就，及其收录五十二种野菜的特别著作《野菜谱》；《韭菜花》一开头便收录五代杨凝式的

---

① 殳俏：《贪食纪·和风纽约》，北京：生活·读书·新知三联书店，2012 年，第 106 页。
② 殳俏：《人和食物是平等的·顶级馆》，北京：新星出版社，2006 年，第 48 页。

法帖《韭花帖》；《切脍》中更是广泛援引《论语》《齐民要术》《东京梦华录》和杜甫诗等，爬梳"切脍"的历史及其变迁。在叙述时旁征博引，广泛涉猎古今中外的历史、诗歌、民谚和文化常识成为汪曾祺饮食叙述的独到之处。

这种伴随式的知识考据，扩展了文本叙述中饮食活动的历史深度和人文厚度，特别是叙述者在考据时并不强求精细结果，而是将饮食的历史和文化知识自然地融合在叙述中，因此考据非但没有造成"掉书袋"之感、妨碍饮食的直接叙述，反而进一步展现了世俗生活饮食原本拥有却被忽视遗忘的人文底蕴。实际上，汪曾祺饮食叙述中的知识考据确实大都无果而终，至于叙述者对于考据的结论本身也不甚在意："写成'鳜花鱼''桂鱼'都无所谓，只要是那个东西。不过知道'鳜花鱼'的由来，也不失为一件有趣的事""切脍今无实物可验"；甚至展开想象的维度，"不知道文思和尚豆腐是过油煎了的，还是不过油煎的。我无端地觉得是油煎了的"。考据之于叙述者，不是将相关知识强制加入或机械式地罗列堆砌，而是在不求甚解的过程中自然流露出饮食才识与文人趣味。

《葵·薤》是汪曾祺颇有名气的短篇散文，文本从汉乐府《十五从军征》中"采葵持作羹"出发，将叙述的主干集中在对蔬菜"葵"和"薤"的考据上。从《诗经》中"七月烹葵及菽"把葵归属常见蔬菜类，到后魏《齐民要术》将葵列入蔬菜第一篇，至于明代《本草纲目》仅将葵列为草类，清朝时几乎无人再知晓葵。"蔬菜的命运，也和世间一切事物一样，有其兴盛和衰微，提起来也可叫人生一点感慨。"[①] 这其间对葵菜、薤菜历史变迁的考据和对饮食情感的生发深度融合，正是在对饮食命运的梳理中，自然地传递文人式的感慨。草木虫鱼、植物动物均与人类的生活密切相关，古人习以为常的食物可能已经消失在历史进程中，当今社会普及流行的饮食来自五洲四海，饮食叙述不仅关涉一时一地的饮食，对饮食来历及发展的梳理和考据，还能够进一步挖掘生活饮食的深意，在身体感官和人文意蕴的交融中，让饮食在凡俗中愈有灵性、品尝中更有意趣。

现实生活中的饮食具有强烈的生理属性，一日三餐的进食节奏逐渐成为身体习惯，也让人们容易惯性地忽略饮食所承载的人文意蕴，而只将饮食作为物质填补食欲的行为。饮食叙述中的知识考据能够进一步挖掘那些在现实中被遮蔽的人文意蕴，展示与饮食相关的历史知识和文学观念等。汪曾祺在考据饮食人文知识时，曾打通饮食活动与文学创作的关系：

---

① 汪曾祺：《肉食者不鄙》，北京：中信出版集团，2018年，第33页。

我劝大家口味不要太窄，什么都要尝尝，不管是古代的还是异地的食物，比如葵和薤，都吃一点。一个一年到头都吃大白菜的人是没有口福的……许多东西乍一吃，吃不惯，吃吃，就吃出味来了。你当然知道，我这里说的，都是与文艺创作有点关系的问题。①

饮食是真实生活的一部分，在对饮食的选择性叙述中呈现出叙述者的价值观念。汪曾祺的饮食叙述大都将吃食和文学、生活紧密联系在一起，对蔬菜命运变迁的论述连接着对人生的感慨，饮食多元化的观念也与文学创作的观念彼此契合。考据式的饮食叙述让平凡的饮食更显人文厚度，也让饮食承载起更深刻的洞察力和情感的维度。

### 三、文人身份与平等姿态

将饮食观和生活观、文学创作观打通，强调饮食的人生本味、重视饮食的人文意蕴，这种典型的文人式叙述使汪曾祺的饮食文学文本中包含了一个有关文人身份的问题。中国文人的自觉通常被认定始于汉末魏晋时期。出于对社会动乱、政治纷争的无力和厌倦，士大夫转而将日常生活和"社会私情"视为关注的重心。"汉末，王纲解纽，士大夫饱经党锢之祸，藉门第为躲藏所。寒士无门第，则心情变，社会私情，胜过政治关切，新文学亦随之而起。五言诗与乐府代兴。"② 换言之，文人之文在生成之初便有"在其无意于施用"的特点，不为事功而专注日常生活的体验，意图在动乱间构建个体自足的一方精神天地。

这一创作特点在中国现代文学中得到了"闲适派"散文的回应。汪曾祺的文学叙述一方面保留了文人对生活"私情"的关注，延续饮食叙述传统的美感和生活感，另一方面撤去了其消极、避世、颓靡的情绪，转而通过对日常生活中衣食住行的庸常琐碎投入情感的刻画，建构出一个阐述"如何生活"的主体形象及态度倾向。品味生活、书写性灵、专注于四方食事，汪曾祺在感知、品味、享受和叙述中建构起随遇而安的人生心态和文人身份。

饮食是一种表达文化、传递情感的符号，在汪曾祺的饮食叙述中，文学与饮食共同承载着一种"味"，即对生活的品尝、感知和领会。在这个过程中，叙述者的情感自然流露，身份也自然显现。在《桃花源记》中，叙述者讲述了在桃花源吃擂茶的经过，其间穿插介绍了擂茶的来历、历史记载、文学记述

---

① 汪曾祺：《肉食者不鄙》，北京：中信出版集团，2018年，第36页。
② 钱穆：《中国文学论丛》，北京：生活·读书·新知三联书店，2002年，第50页。

等，不仅以考据增添擂茶的人文厚度，也展现了叙述者作为文人知识分子的文化才识。此外，叙述者更在文尾说道："晚饭后，管理处的同志摆出了笔墨纸砚，请求写几个字，把上午吃擂茶时想出的四句诗写给了他们：红桃曾照明月时，黄菊重开陶令花。大乱十年成一梦，与君安坐吃擂茶。"在十年一梦、安坐吃茶的话语表述中，一个历经历史风雨吹打而安然旷达的文人形象跃然纸上。

汪曾祺文学文本中叙述者的身份问题在小说体裁中获得更突出的展现。《钓鱼的医生》讲述作为医生的王淡人，由于时常施医赠药收入微薄，便自行种菜垂钓，邀三五同样清贫的朋友，饮食薄酒蔬菜，安然自得其乐。在历史动荡的大背景下，叙述者以饮食为焦点，不仅刻画了自足自适的文人形象，也反向体现出自我的身份。叙述者在讲述的过程中始终持以平等的姿态，而不是一种知识分子自视甚高、俯视他者的态度，或是以一种精致化论调在与他者的对比中展现凸显自我的身份层级。

相反，"平等"与"和谐"成为汪曾祺饮食叙述中涉及文人与他者身份时的主要基调。《寂寞与温暖》中农业研究所的新研究员沈沅以文人的身份进入迥异的农村环境，却与村民们和其他研究院相处和谐，在具体的叙述中，食用甜杆酸苗是一个关键点。面对这一典型的乡村饮食，沈沅大方接受、坦然食用的反应，拉进了他与村民的距离。"甜杆真甜，酸苗酸得像醋，吃得人眼睛眉毛都皱在一起"，对质朴乡土食物的分享和接纳，是两种身份阶层之间彼此意会的意义活动。甜杆酸苗是一个可视可感的符号，而食用甜杆酸苗的过程就是打破固有的身份层级观念和彼此隔阂的过程，也意味着作为"文人"的沈沅与村民们建立起平等而和谐的联系。自此，村民们对沈沅的态度逐渐转向亲密，甚至在她遭受迫害时主动提供帮助。可见，分享食物成为拉近不同群体之间身份距离的重要方式。

社会符号系统整体上决定了饮食的模式，吃什么、和谁一起吃、采用何种进食方式都与食者的身份和社会阶层有着对应的关联。在小说《七里茶坊》中，叙述者讲述了自己被下放至农业研究科学所劳动再教育的经历。初到研究所的焦虑和对自我的怀疑让叙述者陷于不安的状态，而与淳朴的"坝上人"讨论饮食构成个体心态转变的节点，叙述者从中获得内心的宁静和归属感。饮食连接起两种身份群体，分享食物或与食物有关的经验能够打破隐形却固有的阶层隔阂观念，成为两种身份平等相待和交流的节点。

叙述者从情感上体贴并认同乡俗生活的方式，不是以一种精英知识分子居高临下的姿态俯视普通民众，而是平视、理解和寄予希望。《马铃薯》的结尾有言：

> 中国的农民不知有没有一天也吃上罗宋汤和沙拉。也许即使他们的生活提高了，也不知罗宋汤和沙拉，宁可在大烩菜里多加几块肥羊肉。不过也说不定……我希望中国农民也会爱吃罗宋汤和沙拉，因为罗宋汤和沙拉是很好吃的。[①]

在这种叙述中，"罗宋汤""马铃薯"或者"几块肥羊肉"只是不同的饮食选择，这种选择的差异并无优劣高低之分。叙述者期许民众享受更丰富的饮食，但也尊重民众可能迥异的选择。换言之，汪曾祺的饮食叙述虽然对食者身份与食物之间的对应关系进行了表述，肯定了这种饮食选择差异的存在，但否定将饮食作为指示阶层差异、彰显身份特权的符号的合理性。将饮食归于人生的本真状态，打破惯常的饮食文化规约和身份区隔，小说《庙与僧》描写了一群僧人喝酒、吃肉、打牌、娶亲，过着与常人无异的生活。《受戒》中的荸荠庵和尚同样如此，大师父仁山嗜好水烟，出门做法事也不离身；二师父仁海的老婆"每年夏秋之间来住几个月，因为庵里凉快"，小和尚明海随缘顺性地向往爱情，佛家不食荤腥、不能婚娶的社会规约在文本世界的叙述中失效，经由饮食而具象化的身份特征变得模糊，"一种内在的对生活的欢乐"随之凸显，"人性"也转而愈加清晰。

汪曾祺的饮食叙述中饱含着对人的关爱和对人性的关注，以及归于生活本味、自然流露的饮食意趣，知识考据中愈显深厚的饮食人文底蕴和情感体验，特别是对阶层观的打破，无一不体现着叙述者在叙述中寄托的人生感怀。淡化饮食的身份和层级特性，平视不同身份群体、不同地域的饮食，真诚地记述平凡人日常生活饮食的甘甜和苦涩，这显然不能简单地理解为现代文人面对特殊年代只能寄情生活的无奈之举，"且食勿踟蹰"实际上是文人的主动选择。

食物经由"吃喝"进入身体，成为食者的一部分，感官知觉在这个过程中唤起以往饮食体验的"滞留"，也唤起记忆和情感，同时再一次留下新的知觉印记。酸、甜、苦、辣、咸，不仅是饮食的滋味，也是生活的滋味，人类的感官接收饮食并将每一次饮食体验内在化，从而获得持久而深沉的情感体验。文学叙述饮食，实际上就是在叙述生活，就是不断地"回到现实主义"，"不再超越现世作形而上的高蹈，作抽象的玄思，而是要立足现实，着意挖掘平凡人生的诗意，用以缝补不完善的现世"。

---

① 汪曾祺：《肉食者不鄙》，北京：中信出版集团，2018 年，第 48 页。

# 第二节　阿城："两个世界"的互动和趋近

阿城是一位少有的将"吃"作为文学叙述重点的作家，正如汪曾祺所言，文学作品描写吃的很少，大概古今中外的作家都有点清高，认为吃是很俗的事。其实吃是人生第一需要。阿城是一个认识吃的意义，并且把吃当作小说的重要情节的作家。1984年，阿城的首部文学作品《棋王》发表于《上海文学》，不仅即刻引起文坛瞩目，被视为"寻根文学"的发轫之作，而且其中对于"吃"的着重叙述也使其文本拥有更丰富的意义解读空间，即使在《树王》《孩子王》中，食物和具体的吃喝依然构成了阿城文本叙述的重要内容。

在《棋王》中，"吃"和"下棋"是同等重要的叙述元素，然而传统的文学批评习惯将文本叙述放置在"寻根"的层面下进行解读，也就是将文本置于其诞生的时代背景和文化语境中，论述"王一生下棋悟道"所传递的对传统文化的寻根和坚守。《中国文学史》在论及《棋王》时曾强调："阿城呈现了在犹如文化沙漠的特定年代，传统文化仍坚韧存在的力量。文化贫瘠的背景和阿城予以王一生的禅道合一的精神高度形成鲜明的反差。"[1] 强调文本与文化语境的彼此关联自然无可厚非，这样也确实有助于深挖文本的时代内涵，但从文本自身的角度而言，一旦叙述完成，便是一个独立的世界。在这个意义上，专注于文本自身叙述的重点，不再将文本诞生的时代背景作为解读的前置性参考，更能够为挖掘文本叙述超越特定时代的意义提供机会。实际上，对于文学史上渐成"定调"的批评分析，阿城曾就《棋王》自道：

> 《棋王》里其实是两个世界，王一生是一个客观世界，我们不知道王一生在想甚么，我们只知道他在说甚么，在怎么动作，对于一些外物的反应，至于他在想甚么，就是作者自己都不知道，怎么体会呢？另外一个就是我，"我"就是一个主观世界，所以这里面是一个客观世界跟主观世界的参照，小说结尾的时候我想这两个世界都完成了。[2]

在这里，作为叙述者的"我"建构起一个"主观世界"，而作为主要人物的"王一生"则是被叙述的"客观世界"，这显然是一种典型的"显身叙述者+次要人物视角"的叙述方位，当第一人称叙述者成为文本的次要人物，其

---

① 丁帆：《中国新文学史·下册》，北京：高等教育出版社，2013年，第228页。
② 施叔青：《与〈棋王〉作者阿城的对话》，《文艺理论研究》，1987年第2期，第51页。

特许范围会严重受限，只能够对自身的所思所想负责，在涉及其他人物时，就只能秉持人物行为和外在特征进行"客观的"讲述。因此，王一生作为文本的主要人物，"是一个有魅力的，但行动和心理都比较神秘的人物"，而叙述者"我"则"是一个既能有机会与主人公接近，却又在智力上、想象上都近于常人的人物"①。阿城所说的"文章结尾两个世界都完成了"，实际上就是叙述者兼次要人物的世界和主要人物世界的完成，而这种"完成"是在"我"与王一生的互动和彼此趋近的过程中实现的，也是在"吃"与"棋"、生存和生活、生物性本能和文化情感的相向而行中完成的。

## 一、王一生的饥饿、吃相和棋术

《棋王》实际上只写了两件事，一是吃饭，二是下棋。"吃饭"与"下棋"，不仅是叙述者建构自我身份的方式，也是刻画王一生人物形象的重要途径。文本一开篇，在一个众人挥泪、告别亲友的车站中，王一生便突兀地与众人不同："我他妈要谁送？去的是有饭吃的地方，闹得这么哭哭啼啼的。"对于王一生而言，去"有饭吃的地方"便可以接受。"吃"如此重要，是保障和维持个体生命生存的基准线，与这种重要性相对，叙述者描绘了王一生"虔诚"的吃相：

> 拿到饭后，马上就开始吃，吃得很快，喉节一缩一缩的，脸上绷满了筋。常常突然停下来，很小心地将嘴边或下巴上的饭粒儿和汤水油花儿用整个儿食指抹进嘴里。若饭粒儿落在衣服上，就马上一按，拈进嘴里。若一个没按住，饭粒儿由衣服上掉下地，他也立刻双脚不再移动，转了上身找……吃完以后，他把两只筷子吮净，拿水把饭盒冲满，先将上面一层油花吸净，然后就带着安全到达彼岸的神色小口小口地呷。有一次，他在下棋，左手轻轻地呷茶儿。一粒干缩了的饭粒儿也轻轻地小声跳着。他一下注意到了，就迅速将那个饭粒儿放进嘴里，腮上立刻显出筋络……他对吃是虔诚的，而且很精细。有时你会可怜那些饭被他吃得一个渣儿都不剩，真有点儿惨无人道。

吃相的"虔诚"和"惨无人道"折射出个体对生存的迫切渴望。王一生这种"吃相"下的饮食只是一种维持机体运转和生命生存的纯然之物。人类的饮食原本兼具生物和文化的双重属性，存在一种在"纯然物"与"纯符号"之间

---

① 赵毅衡：《中西小说的叙事方位》，《中国比较文学》1989 年第 2 期。

滑动的张力，既是满足身体需求的物，又是承载文化情感的符号，除非置于极端境况，物性与符号性应在人类的饮食活动中兼存。王一生"惨无人道"的吃相，说明了其所食之物已被降为缓解饥饿、填补食欲的"纯然物"，符号性的剥离让"吃"简化为基础的保障机体运转的生理行为，这种饮食的"降级"正是食者身处极端境况的反映。

王一生的外在形象证实了这种极端境况，从叙述者"我"的视角出发，王一生"净是绿筋的瘦腿""松松的肚皮""（王一生）弯过手臂，去挠后背，肋骨一根根动着"。在身体长期处于能量供给不足的情况下，王一生"吃得一个渣儿都不剩"的行为是自然而易理解的。不仅如此，在火车上，王一生与叙述者"我"曾就生活经历展开交谈：针对"我"偶然提及的"一天没有吃到东西"，王一生执着而力求精确地追问"二十四小时"、是否"一点儿也没吃到"；在梳理细节的过程中，王一生指出，"你十二点以前吃了一个馒头，没有超过二十四小时。更何况第二天你的伙食水平不低，平均下来，你两天的热量还是可以的"。在这种表述中，进食等同于摄取热量，确保生命机体获得维持生存底线的能量摄入，这是饮食活动极其重要甚至唯一目的。因此，叙述者"我"所言的"馋"在王一生的饮食活动中根本不存在，王一生的"吃"不需要感官愉悦，也不寄托情感意义。

在最基础的物质需要尚未被满足的情况下，文化情感和艺术审美都难以在饮食中留有余地，食物降为果腹的纯然物，消弭了形式的差别，成为满足生理饥饿的抽象概念，即使是粗糙的饮食也会被身体急不可耐地接受。因为"对于一个忍饥挨饿的人来说并不存在人的食物形式，而只有作为食物的抽象存在。食物同样也可能具有最粗糙的形式，而且不能说，这种饮食与动物的饮食有什么不同"①。换言之，王一生急迫而虔诚的饮食行为，比起文化性的"用餐"，更接近于生物性的"进食"。对进食的深切需要以及一种难以缓解的饥饿感，剥去了王一生饮食中的享受体验和意义维度，他对"吃"的要求回归到生存的底线，而他的"吃相"构成了生活的本相。

除了纯物性的饮食需求，王一生的另一特点便是"痴于下棋"，依照文本另一人物倪斌的说法，"象棋是很高级的文化"，是"于抽象上表出竞争之世界而使吾人于此满足其势力之欲者也"，是体现人性的活动。人类终究无法摆脱动物性本能，问题只在于摆脱得多些或少些。历史唯物主义的常识是当人的生

① 马克思：《1844年经济学哲学手稿》，《马克思恩格斯全集·第42卷》，北京：人民出版社，第126页。

物性需要得到满足后，才有时间和精力从事"人之为人"的生产与活动，文化方能不断地演进。王一生人物的复杂性正在于：一个在生存基准线边缘徘徊的个体，同时醉心于一种高级别的文化形式并取得了非凡成就。出身低微、生父不详，被母亲教导"要学有用的本事。下棋下得好，还当饭吃了？"的王一生，依然成了"棋呆子"。"棋不维生"的既有认知和难以抑制的痴迷构成矛盾，在生存的制约和压迫下，王一生显得乖张而执拗，因为高超的棋艺可以解烦忧、浇胸中块垒，却无法消弭生存的饥饿感，因此在王一生与叙述者"我"展开交往以前，"吃"与"棋"对他而言是彼此对立且矛盾的。

## 二、"我"的主观世界

《棋王》采用的是第一人称叙述者兼任次要人物的叙述方式，"我"既讲述了整个故事，又作为文本人物之一与他者展开交流与交往，观察记叙他者的言行，抒发并表达自我的情感偏向和思想观点。在文本中，叙述者和王一生虽同为下乡劳动的知青，但两者的出身和初识时的思想观点颇有差异。在父母出事前，叙述者显然生活在良好的成长和教育环境中，衣食皆足、精神充实、阅读广泛，古今中外的诗文信手拈来。在与王一生的初次交谈中，"我"由于王一生虔诚的吃相讲述了两则与"吃"有关的故事：杰克·伦敦的《热爱生活》和巴尔扎克的《邦斯舅舅》。不同的是，王一生从"生存"的角度出发，认可故事中近乎痴狂的饮食行为，否定了饮食的精神需求维度，强调现实的生存经验，并将"吃"与"馋"区分开；"我"则从"生活"的角度出发，为杰克·伦敦辩护，强调故事的生活意义，并将王一生之后讲述的故事解读为教育"节俭"的生活观念，而非"吃与生存"的现实关系。"我"的主观世界里充斥着关于生命的意识，不自觉地跳过了生存的问题，即使身处饥馑年代依然维持着这种想法。

文本叙述者"我"深谙饮食活动中的品尝之道，"吃"不仅关涉温饱，以果腹为目的，还关涉感官的愉悦性和生活的体验感。在"我"看来，"馋"不是在解决温饱后对饮食的更高级要求，而是人根植于饮食中的自然渴望。饥饿会触发个体在饮食行为中的想象力，通过幻想慰藉现实的饥饿或乏味，换言之，"饿时更馋。不馋，吃的本能不能发挥，也不得寄托"。在王一生与叙述者"我"的第二次交谈互动中，"我"曾就农场的生活自述：

> 钱是不少，粮也多，没错儿，可没油哇。大锅菜吃得胃酸。主要是没什么玩儿的，没书，没电，没电影儿。去哪儿也不容易，老在这个沟儿里转，闷得无聊。

饮食中的多感官愉悦、生命活动中的意趣都是叙述者不自觉的追求，正因如此，才会在无法满足时感到不明的烦闷，既已抵达生存的基准线、满足了果腹的生物需求，依然"有一种欲望在心里，说不清楚，但我大致觉出是关于活着的什么东西"。对于更高层级的、体现人性的活动的追求，是作为叙述者的"我"在物质贫乏时期感到精神的困顿和无所皈依的根源，即使身处物资匮乏时期，作为下乡知青的"我"的生命状态仅仅维持在有衣、有食、有住底线的情况下。

叙述者在文化素养的惯性作用下，不自觉地要求更丰富的生命形式，诉之于读书、看电影等超出生存基准线之上的活动，又因求之不得而烦闷忧心。面对王一生所强调的"人要知足，顿顿饱就是福"的饮食观和生存观，"我"有些同意又隐隐感到不安。"生存"和"生命"之间存在巨大的裂隙，"我"依从生活的惯性，王一生依从生存的现实处境，而两者的交谈、交往让两种关于饮食和生命的截然不同的观念发生碰撞，也让文本的"主观世界"和"客观世界"彼此趋近，从而实现"吃"与"棋"在文本中的对立统一。

### 三、"两个世界"的参照与互动

王一生是文本的主要人物，"吃饭"与"下棋"是建构其形象的两大维度。基础性的生理性进食本能和高级的文化形式在他身上并存且矛盾对立。一方面，现实的困境让他对"生存"有迫切的渴求和清晰的认知，他明白"下棋不当饭"，并且展现出对食物本能的渴望和虔诚的吃相；另一方面，他却依然痴迷于下棋，甚至不自觉地坦言"何以解不痛快，唯有下棋"。这种生存底线和高级文化的矛盾共存让王一生与文本中其他人物拉开距离，加之叙述者自限视角，避开了对王一生所思所想的叙述，使得这一主要人物的"客观世界"显得乖张、神秘而不合常理。叙述者"我"的"主观世界"又依从以往生活的惯性在饮食问题上追求"馋"，表现出与王一生的生存基线式的进食完全不同的特点，但同时又与王一生对下棋的痴迷相似，"我"对书、电影等其他超出生存基准线的事物充满渴望，因此也使自身陷于精神困境之中。

在文本叙述中，王一生与"我"交谈、交往和互动的过程，实际上就是两个世界形成参照、逐渐理解和互相趋近的过程。叙述伊始，王一生对"吃"的生存性渴求与"我"的生命意识相差甚远，在第一次互动时，"我"曾坦言，"人一迷上什么，吃饭倒是不重要的事"；王一生却说，"我可不是这样""一天不吃饭，棋路都乱"。第二次互动则是在王一生前往叙述者"我"所在的农场时，两者的谈话、共食以及王一生和倪斌的对弈、互动，都在双向影响着彼此。王一生虽然仍坚持生存是根本，但也开始认可叙述者关于生命的观念："你不错，读了不少书。可是，归到底，解决了什么呢？是呀，一个人拼命想活着，最后都神经了，后来好了，活下来了，可接着怎么活呢""人要知足，顿顿饱就是福"。叙述者在同意王一生关于生存说法的同时，又隐约觉察出内心对活着的深层欲望并不止于衣食满足。在这个过程中，"生存"与"生命"不再是完全对立的两端，而在两个世界的参照和互相理解中开始趋近。

值得注意的是，倪斌作为文本叙述中的另一主要人物，不光在"吃"上与"我"的观念相似，甚至在重视饮食的官能享受和符号意义的层面更甚于"我"，但在下棋方面他又与王一生相近并互相切磋。出身不俗、注重饮食享受且有家传棋路的倪斌，通过讲述昔日家庭中的中秋宴饮、燕窝制作，分享巧克力、麦乳精等，拓展了王一生在饮食问题上的认知："吃"可以不是苦行僧式的生存难题，可以不与下棋这种高级别的文化形式尖锐对立，而是协调融合。不仅如此，在切磋棋艺的过程中，倪斌告知王一生参加地区棋类比赛，并以家传乌木棋换取自己调离农场和王一生参与比赛的机会，进一步发挥着推进故事情节的重要作用，在彰显与"两个世界"皆有相似而又不同的过程中，倪斌反而拉进了王一生与"我"在"生存"和"生命"观念上的距离，充当了"主观世界"和"客观世界"的连接中介。

王一生与九位棋手的"车轮大战"是文本叙述的高潮，也最终让王一生与叙述者"我"都完成了各自对生存和生命困境的突破。王一生不是"文人"，他既不知"杜康"，也不知"忧"，在他看来，"'忧'这玩意儿，是他妈文人的佐料儿。我们这种人，没有什么忧，顶多有些不痛快。何以解不痛快？唯有象棋"。时代激荡的风云和文人之忧都不存于王一生的思想中，换言之，他最开始只是困于饮食生存的小人物，即使痴迷于棋，也仅作为一种不自觉的逃避生活压抑的技艺。直至几乎以命相搏的"九局连环"，这场棋赛车轮战让王一生的"棋"从一种解不痛快的技艺转变为一种有意识抵御时代动荡和命运压抑的方式。王一生在棋战结束后哭道："妈，儿今天明白事儿了。人还要有点儿东西，才叫活着。妈——"这点要有的东西，其实就是超越生存底线的、与物质需求同样重要的意义追求，正是他一直通过下棋不自觉地践行却未曾明确意识到的生命观。棋之于王一生的价值，由此从"术"转向"道"，从技艺转向生命意义追求。

不仅如此，叙述者"我"也在这场九局棋赛中感悟到"生存"与"生命"的平衡。记忆中文化教育的知识和想象中王一生母亲艰辛生存的画面一同涌现，人的一生就是在关于"活着的什么东西"、关于生命更深层的追求，以及基础的饮食生存之间来回滑动的过程。王一生在"吃"上的虔诚、在"棋"上的以命相搏，都指引"我"走出生命惯性下的精神困境，一如文尾所言：

> 王一生已经睡死。我却还似乎耳边人声嗥动，眼前火把通明，山民们铁了脸，揹着柴禾在林中走，咿咿呀呀地唱。我笑起来，想：不做俗人，哪儿会知道这般乐趣？家破人亡，平了头每日荷锄，却自有真人生在里面，识到了，即是幸，即是福。衣食是本，自有人类，就是每日在忙这个。可囿于其中，终于还是不太像人。

衣食是人类生存的基准线，自然有其重要性，但绝不是人类生命存在的最高线。历史的曲折和时代的动荡压制了人类生命中高级别的文化追求，让生命体迫于生存的危机而萎靡。然而，"生命力的旺盛和不自囿于衣食之中锐意进取"[1] 始终是人类蕴蓄的强力，驱动着人类在生存的过程中找寻生存的意义、生命的价值和身处世界的位置。意义追求和生理欲望一样，是人类生存于世的本能，也是最能体现人之为人特性的地方。下棋是寄托人生追求、突破温饱制约的意义活动，让囿于衣食的小人物在饥饿贫乏的时代获得片刻的精神满足，并从中投射出人类不息的生命力。在这个意义上，王一生对吃的执着、对棋的痴迷，以及叙述者"我"对活着的欲望、对书和电影的渴求，都是人类物质需求的生存观和意义追求的生命观的双重表现。

这种表现止是在"我"的主观世界和王一生的客观世界不断参照、双向互动的过程中完成的。王一生所代表的家境苦难的草根青年与"我"所代表的出身良好却突遭变故的知识青年，在时代大潮的裹挟中偶然相遇，又在交谈与交往中互相影响，填补了彼此对"生存"和"生命"认知的裂缝，最终在衣食温饱和生命追求两端相向趋近。阿城的"吃"与"棋"，所展现的是人的动物性本能和人的文化情感之间的冲突和共存，是物质需求和意义追求的对立统一，这是人类生存的本相，而不限于某一个时代。

因此，阿城饮食叙述中的"吃"不是某一个时代群体的求生行为，而是一种与"棋"长久共存而对立的选择。《棋王》原定的结尾是："'我'从山西回到云南，刚进云南棋院的时候，看王一生一嘴的油，从棋院走出来，'我'就和王一生说，你最近过得怎么样啊？还下棋不下棋？王一生说，下什么棋啊，这天天吃肉，走，我带你吃饭去，吃肉。"[2] 这个因为被视为调低、展现"灰

---

① 曾镇南：《阿城论》，《文艺评论》1980 年第 2 期，第 66 页。

② 王尧：《1985 年"小说革命"前后的时空——以"先锋"与"寻根"等文学话语的缠绕为线索》，《当代作家评论》2004 年第 1 期，第 105 页。

暗的一面"而被删改的结局，实际上证实了《棋王》的叙述相较于探讨文化寻根，更像是在叙述物质生存和生命追求的矛盾和统一，只是在这个被删减的结局中，"棋王"王一生在"吃饭"和"下棋"之间做出了另一种选择。

## 第三节　陆文夫：美食生涯与政治变迁

《美食家》于 1983 年发表在《收获》杂志上，文本叙述中精致考究的苏州饮食和字里行间流露出的姑苏风情，不仅引起阅读者对苏州饮食文化的关注，也使陆文夫本人获得"美食家"和"陆苏州"的雅号。长期生活于苏州的经历以及与"鸳鸯蝴蝶派"传统小说家的交往，使陆文夫对姑苏城的市井生活怀有强烈的情感，小巷人物的饮食起居、洒扫应对的琐碎日常成为其文学叙述的重点。至于"美食家"一称，陆文夫也曾自述道：要成为美食家，须满足财富、机遇、敏锐的味觉、懂得烹调原理、善于营造氛围等诸多条件。因此，日常生活中普遍重复的大众化饮食，与"美食家"所追求的味觉体验、用餐氛围和彰显身份的饮食活动相距甚远。

从文本出发，《美食家》实际上既叙述了精细考究的苏州美食和这种美食的遭遇起伏，也呈现了维持温饱的大众化饮食。两种饮食的背后连接着不同的饮食观和食者群体，折射出一段动荡的社会历史，苏州饮食强调精细、新鲜和因时而变，这种特点取决于苏州的天、地、人，正是适宜的自然气候、密集的水网湖泊以及苏州人温和精细的性格，共同造就了苏州饮食的特色与声名。《美食家》在论述朱自冶每日的饮食安排时，将朱鸿兴的头汤面、阊门石路的茶馆、陆稿荐的乳腐酱方和孔碧霞"一吃销魂"的堂子菜等精细的苏州饮食串联在一起。然而，不同于朱自冶们对苏州精致且奢靡、考究而浪费的饮食的坚定支持和推崇，叙述者"我"对苏州美食的认知和态度，经历了从痛恨抵触并将其视为屈辱的成长记忆，到推行大众化改革的"破坏"，再到肯定、赞叹和重建的转变。在苏州美食的"一破"与"一立"的遭遇背后，是二十年风云变幻的历史和无数挣扎在社会动荡中艰难求生的人。

"美食家"朱自冶与叙述者"我"分别是"好吃"与"厌吃"的代表，两个对待美食态度截然相反的人，因"吃"而扭结到一起，在时代风云中彼此联系、对立、冲撞，又再次相遇，两者人生的起伏与苏州饮食的命运变迁联系在一起，折射出从抗战后期到 20 世纪 70 年代末 80 年代初近 50 年的中国社会宏大而严肃的时代变迁。"宏观着眼、微观落笔"在姑苏饮食的方寸之间、微妙难言的官能享乐之中，是文本饮食叙述所承载的历史和政治的重量。

## 一、"美食家"与苏州饮食文化

《美食家》的开篇即言："美食家这个名称很好听，读起来还真有点美味！如果用通俗的语言来加以解释的话，不妙了：一个十分好吃的人。"① 文本叙述伊始便将"美食家"定位为"好吃之人"，不仅展现叙述语言的通俗化与苏州评弹风味，也埋下了叙述者对"美食家"和"好吃"的贬抑基调，将一般且常态的日常吃喝与美食家所嗜好的精细饮食相区分，甚至分别置于对立的两端。

"美食"一词早在先秦诸子散文中（《墨子·辞过》《韩非子·六反》）就已出现，但因美食而成"家"，将"美食家"一词固定为汉语的新词汇，是自陆文夫的同名中篇出现为始的。② 除却开篇所言，"美食家"再次在文本中出现，则是在叙述临近末尾为庆祝烹饪学会成立的酒席上：众人视朱自冶为"吃的专家"，借引外来词汇"美食家"为名，诱导高小庭聘请朱自冶为饭店指导。面对这一"鸿门宴"，即使是历经数十年时代风云，早已肯定并赞叹于苏州饮食文化成果的高小庭，依然对"美食家"及"好吃"抱以不满和拒斥，"他可以指导人们去消遣，去奢靡，却和我们的工作没有多大关系。美食家，让你去钻门子吧，只要我还站在庙门口，你就休想进得去"。高小庭对美食家们始终抱以抵触的态度，对奢靡、应酬和沉溺于感官享受的食事风气表示拒斥，但就美食本身而言，又总在叙述的过程中流露出对精细化饮食成就的赞叹。

无论是以"美食家"朱自冶一日三餐串起的朱鸿兴"头汤面"、阊门石路的茶馆、元大昌的酒水和散布在大街小巷、桥塅路口的苏州小吃，还是文末孔碧霞精心操持的令人眼花缭乱的一桌酒席，叙述者在怀以愤懑、忍辱情绪的同时，又不厌其烦地细细讲述了苏州饮食的精致、考究：

> 那跑堂的为什么要稍许一顿呢？他是在等待你吩咐吃法的——硬面，烂面，宽汤，紧汤，拌面；重青（多放蒜叶），免青（不要放蒜叶），重油（多放点油），清淡点（少放油），重面轻浇（面多些，浇头少点），重浇轻面（浇头多，面少点），过桥——浇头不能盖在面碗上，要放在另外的一只盘子里……一碗面的吃法已经叫人眼花缭乱了，朱自冶却认为这些还不

① 陆文夫：《美食家》，北京：人民文学出版社，2006年，第1页。
② 赵宪章：《形式美学之文本——以〈美食家〉为例》，《广西师范大学学报（哲学社会科学版）》2004年第3期，第55页。

是主要的，最终的是要吃"头汤面"。①

　　那爿大茶楼上有几个和一般茶客隔开的房间，摆着红木桌、大藤椅，自成一个小天地。那里的水是天落水，茶叶是直接从洞庭东山买来的；煮水用瓦罐，燃料用松枝，茶要泡在宜兴出产的紫砂壶里。②

　　洁白的抽纱台布上，放着一整套玲珑瓷的餐具，那玲珑瓷玲珑剔透，蓝边淡青中暗藏着半透明的花纹好像是镂空的，又像会漏水，放射着晶莹的光辉。桌子上没有花，十二只冷盆就是十二朵鲜花，红黄蓝白，五彩缤纷。③

普通人家和饥馑年代的饮食往往停留在追求果腹的生物性满足阶段，但是物质丰裕时期的"有闲"阶级的饮食则不然。"美食家"的饮食体验不仅关涉食物本身，更是围绕着核心食物与食具、饮食礼仪、吃法规则等伴随因素共同作用的意义活动，并最终获得视觉、嗅觉、触觉、味觉等多重感官的满足。当苏州的饮食与餐具搭配追求美感，饮茶与吃面充满讲究、自成体系，便意味着苏州菜自有其规则与秩序。

当一件事情开始形成某种规则或秩序时，这种规则和秩序本身就携带着意义，而文化正是这些意义活动的集合。精细考究而独具特色的苏州饮食是苏州文化可视、可感、可食的一部分。文本中充当叙述者的高小庭，作为一个长久在苏州成长、工作和生活的个体，自然是浸透着苏州地域文化的影响，尽管年少时"忍辱负重"的经历以及对平等、民主思想的追求，促使其厌恶、贬抑、排斥"美食家"朱自冶及其嗜好，但当叙述者直面苏州美食时，却不自觉地对这种高度文明的结晶流露出认同感。"苏州菜有它一套完整的结构"，这种饮食体系是高度的物质文明和文化素养的结晶。

因此，从文本叙述而言，"美食家"朱自冶与其所嗜好的苏州美食，尽管总是相伴出现，却是两个并不等同的概念。前者是不劳而获、沉溺于官能享乐、习惯于阶级分化的"房屋资本家"；后者则在历史长河中凝结了苏州的物质文明与苏州人的生活经验，是地域饮食文化的具象载体，是这一地域群体生活的共性构成，也是他者感知苏州韵味的一种途径。"美食家"的财富、身份

---

① 陆文夫：《美食家》，北京：人民文学出版社，2006年，第4页。
② 陆文夫：《美食家》，北京：人民文学出版社，2006年，第4～5页。
③ 陆文夫：《美食家》，北京：人民文学出版社，2006年，第83页。

和敏锐的味觉，让他们能够长久地触及苏州饮食最精细而富有特色的部分，但是任何地域的饮食都不是仅仅属于某个阶级或群体的饮食，地域饮食文化应建立在这一地域全部人群的饮食活动上，关涉整个地域群体的味觉认同和身份归属。文本叙述中，叙述者高小庭与"美食家"朱自冶扭结在一起的命运起伏，实际上也是叙述者对苏州饮食认知深化的过程，即逐渐摆脱个人的主观情绪，重新审视苏州食不厌精的饮食及文化，将"美食家"与"美食"分隔而视。

## 二、"好吃"与"反好吃"

"美食家"朱自冶是一位喜好吃、精通吃、因吃受罪、因吃荣升、一生沉湎于此的人。对他而言，"吃"的感官愉悦性比果腹充饥的作用更重要，即"为了一点味道"，"这味道可是由食物的精华聚集而成的。吃菜要吃心，吃鱼要吃尾，吃蛋不吃黄，吃肉不吃肥，还少不了蘑菇与火腿"①。精细考究的饮食体系建立在苏州地域文化和群体需求之上，又反之不断深化、培养美食家们能够"品出那千分之几差别"的味觉，从而获得外在的生存空间，以保障饮食文化的流传。美食的命运和吃客的命运密切相关，这种相辅相成的连接关系，在一定程度上意味着苏州精细化的饮食能够成为阶级与身份的符号，但从另一角度而言，饮食符号与其对象（阶级身份）毕竟有所差异，并不能够直接等同。

食者与饮食在身份、财富、阶级层面的对应性关联，实际上是不同社会、文化、族群饮食活动的共性，作为叙述者兼文本人物的高小庭无疑洞察到这一点，美食成为一种阶级符号，"朱门酒肉臭，路有冻死骨"的阶级饮食差异让他感到愤懑不平，苏州一侧是高楼美酒、杯盘交错、名菜陆陈的饮食之貌，一侧则是"死一般沉寂，老妇人在垃圾箱旁边捡菜皮"的景象，这让高小庭一度将饮食差异与阶级差异直接等同，从而视苏州美食为一种罪恶，因为越是精致高级的饮食，越是社会生活不平等的表现。幼年接受的"反好吃"的道德教育，少年时为朱自冶跑腿买小吃的"屈辱"经历，成长中接触的自由、平等、尊严、民主的思想观念，让高小庭对饕餮之徒始终持贬抑态度，甚至一度将这种态度推演至苏州菜本身，将朱自冶们的饮食享乐与苏州精细的饮食文化混为一谈。

正因如此，高小庭曾将革命的矛头对准"吃"，试图以取缔苏州精细化饮食的方式革去阶级不平等的罪恶。他的"反好吃"中充满着革命热情和大众平

---

① 陆文夫：《美食家》，北京：人民文学出版社，2006年，第45页。

等的意识，苏州精致的饮食作为阶级对立的最直观体现，是传统社会统治阶级长期独享并建立在贫穷大众的痛苦之上的剥削行为，是苏州这个"人间天堂"里急需剔除的直观罪恶。正是基于这种观念，高小庭才动员黄包车夫阿二不再为朱自冶拉车，让"工人阶级不再给人家当牛做马"；坚持改革名菜馆，将店堂款式与饭店菜单都彻底革新换面，转而为普通大众服务。

换言之，高小庭试图以抹去符号载体差异的形式来抹去符号的意义，即通过推行大众化饮食消弭不同阶级的饮食差异，从而促进阶级的平等化。所以他才坦然地自述："不管将来的历史对我这一段的工作如何评价，可我坚信，我绝无私心，我是满腔热忱地在从事一项细小而伟大的事业！"将"吃"与阶级、改革联系在一起，确实是一件"细小而伟大的事业"，饮食符号与其对象之间的意义连接自然也有其合理性，饮食作为阶级符号也不是一时一地的特殊现象，但问题的关键在于，符号的意义取决于社会文化元语言编码和解码的规则，而不是符号载体本身。饮食的水平在一定程度上反映出文明发展的水平，这种"就低不就高"的饮食改革标准，忽视了普罗大众的真实渴求，尽管不同阶级的实际饮食受限于身份、财富、权力而呈现出不同的景象，但对更精细、更充裕的饮食的向往与味觉渴求是不同社会群体的共性。

"反好吃"实际上是在反对阶级差异，通过拒斥已发展至高度文明阶段的苏州饮食文化，将精细、考究、高级的苏州菜置换为平淡的大众菜，试图以人为统一味觉体验的方式抹平不同阶级之间的鸿沟。这显然是一种革命时代的逻辑思维，现代文学研究者多将高小庭的餐馆改革视为一种"左"的幼稚与浅薄，其实这之间还包含着对人类饮食活动认知的偏颇，将饮食符号直接等同于其对象的混乱。文本的叙述跨越了近五十年的历史时间，叙述者高小庭也在社会变迁与政治风云中意识到自我观念的偏颇，从浅薄走向成熟，再度审视凝结着高度文明的苏州饮食，也认识到不同饮食差异的自然性。

与"反好吃"的高小庭所经历的成长与转变不同，"好吃"的朱自冶实际上是一个标签化的人物形象，嗜吃如命是他唯一凸显并且一以贯之的特点。尽管与高小庭同样经历了数十年的社会动荡，但其命运起伏完全是被动取决于时代的大背景：新中国成立前，朱自冶尽情享乐，春风得意；新中国成立后，因餐馆"大众化"改革，朱自冶吃得"一阵懊丧，一阵痛苦"；困难年，朱自冶萎靡不振，因一车南瓜而相求于高小庭；"文化大革命"中，朱自冶被定为"吸血鬼"，与高小庭一起站在居委会门口请罪；"文化大革命"后，朱自冶"吃客传经"，转身成为烹饪学会主席，荣获"美食家"之名。这个沉湎于苏州高度文明化的饮食所带来的味觉享乐之人，吃得跌跌撞撞，命运起起伏伏，但这份嗜好始终如一，在叙述者高小庭的讲述中，朱自冶成为"吃"的化身，虽然叙述者的自限使得人物自身对饮食的想法观念、心理活动无从窥见，但"极力的享受和娱乐"确实是人物始终渴望通过"吃"而获取的。

对于高小庭而言，"吃"的意义经历了从阶级差异到世俗需求和饮食文化传承的转变，但对于朱自冶而言，"吃"始终是"为了一点味道"及其带来的快感，即使是在困难年间依然要借助想象满足快感。在《美食家》中，"吃"字出现了 344 次，而"美食家"仅出现 21 次①，在这种情况下，很难说"美食家"朱自冶及其所嗜好的美食是文本叙述的重点，词频的使用情况至少部分地指明了表意的重心，"吃"连接起作为叙述者的高小庭与美食家朱自冶，让他们一起共同经受近五十年社会生活的变迁与动荡，然而，这因"吃"扭结在一起的两个人，实际上对"吃"的认知始终存在着错位。

### 三、"改革"与"大众化"

"宏观着眼，微观落笔"是陆文夫对《美食家》文本创作的自述。文学叙述要展现历史与生活的宏观背景，要从细微而日常的人事入手，以小见大。饮食之事、市井人情、沿街小贩构成其文本世界的重点，但这种针对小人小事的叙述并不限于生活的表象，而是通过与宏大的时代背景紧紧相连，使文本叙述构成一种双层结构，前面是姑苏美食、吴侬软语和庸常而琐碎的日常生活，背后却是广阔的社会历史的转折与变迁。

"吃"是一个切口，不仅构成了"美食家"朱自冶全部的人物形象，影响了叙述者高小庭一生的职业选择与生活轨迹，将两个人扭结在一起，也在一张一合之间容纳市井百态，揭露社会生活的积弊，折射历史政治的风云变幻。高小庭"大众化"的饮食改革，实际上基于大众平等的意识，从"吃"着手反对阶级差异的具体举措。"名菜馆面向大众，大众菜经济实惠"的口号，让以提供精致奢华饮食而负有盛名的高档菜馆，放弃特色与讲究，将味觉的盛宴置换为经济实惠的大众菜，从而抹平不同阶级在饮食层面上的直观鸿沟。这种饮食"革命"的确是从大众的立场出发，以服务大众为终点，但是强制地将不同社会个体的饮食趣味进行合并，执行"就低不就高"的饮食标准，却是与大众的真实需求相背离。

关于"吃"的叙述贯穿了文本始终，"好吃"者实际上远不止"美食家"

---

① 赵宪章：《形式美学之文本——以〈美食家〉为例》，《广西师范大学学报（哲学社会科学版）》2004 年第 3 期，第 55～58 页。

朱自冶一人,隐藏在叙述中没有姓名的朱自冶的吃友们,黄包车夫阿二家庭餐桌上的"糟鹅与黄酒",以及那些曾在名菜馆改革中"见了市面",但"现在要吃好东西"的市民,出差时特意前来品尝"名扬四海"苏州菜的干部,对于更好、更精细的饮食的渴求,是比"大众菜"更大众的需求,拥有着跨越阶级的普适性。早在高小庭依然为朱自冶跑腿买小吃之时,叙述便呈现了一个"好吃"的祖母的形象:

> 我是有一个老祖母,是她把我从小带大的,那时已经七十六岁,满嘴没牙,半身不遂,头脑也不是那么清楚的。可是她的胃口很好,天天闹着要吃肉,特别是要陆稿荐的乳腐酱方,那肉入口就化,香甜不腻。

年过七旬的老祖母对美食依然有着本能渴求,而文本末篇中刚满周岁的小外孙也"懂得吃好的",选择了巧克力而非硬糖。老者与幼儿,分别置于人生命历程的两端,但"吃好的"的需求与向往是一致的。饮食体验、味觉享乐根植于人类世俗生活之中,既是生存的本能行为,也受地域文化与社会发展的影响。阶级区隔虽然造就了不同群体实际能够获取的饮食的差异,但是对于个体而言,心灵对丰裕的饮食、深层的快感,甚至对生存意义的追求并未有差异。"饮食男女,人之大欲",正因如此,丁大头也劝说坚持改革的高小庭:"那资产阶级的味觉和无产阶级的味觉竟然毫无区别!资产阶级说清炒虾仁比白菜炒肉丝好吃,无产阶级尝了一口也跟着点头。"食色的本性无法阻拦,因地域文化而呈现出独具特色的苏州菜,对于苏州以及其他地域的群体都具有诱惑力,这种诱惑可以被文化与社会的发展自然模塑,却无法因特殊时代的政治要求而人为转变。也正因如此,即使是身处食难果腹的饥馑年代,朱自冶依然在拉南瓜的路上想象和回味着苏州名菜"西瓜盅"。

饮食不断趋向精细化是人类文明高度发展的标志之一,基于反对阶级差异、追求大众平等的政治观念而试图将饮食拉回"粗茶淡饭"的水平,自然违背了人类饮食与社会运行同频发展的规律。在特殊的历史语境下,人们的"政治觉悟"会融入个体的方方面面,并转化为自觉自愿的行为活动。在文本叙述中,高小庭所坚持的饮食的"正确性"和"统一化",便是一种理想化的将政治观念灌输到群体饮食中的表现,但事实是人们对物质丰裕的内在渴望、对精细化饮食的普遍需求远比抽象的概念更贴近现实。

在人类发展史上,对食物资源的掌控一度作为财富和权力的符号表述,饮食活动的变革也能成为一段历史的生动注脚。文本《美食家》从"从人民大众最为关心的'吃饭问题'入手，揭示了'吃饭之难'及其背后的社会政治力量"①，也再现了世俗生活的丰富性与复杂性。在文本叙述中，一方精致的美食、一段吃客的生涯和一个发展成熟的革命工作者，以及姑苏城内无数有着食色天性的群体，经由世俗本性和历史动荡而联系在一起。美食的命运取决于饮食之人，换言之，《美食家》实际上不仅讲述了"吃饭"的问题，也讲述了"吃人"的问题。

## 第四节　余华：饮食与身体、生命和生存

余华以先锋作家的姿态登上中国当代文坛，其早期叙述呈现出明显的"先锋性"特征，《现实一种》和《死亡叙述》中冷酷血腥的叙述；《一九八六年》中"疯子"自导自演历史酷刑的疯狂；《十八岁出门远行》讲述少年遭遇荒诞的现实，在遍体鳞伤中完成成年仪式；《古典爱情》通过想象重构了物资匮乏年代柳生与小姐的爱情悲剧，冷峻暴力式叙述贯穿文本始终。至20世纪90年代，余华的文学叙述风格逐渐转型，更多地着眼于现实生活本身，着墨于小人物的生存困境与求生经历，关注并思考人的生命、苦难、情感和欲望，叙述语调也显露温情。

当文学叙述侧重于现实生活，增强文本对实在世界的"通达"，饮食起居、洒扫应对等日常实事便成为叙述绕不开的重点，特别是因生活必需而不断重复的饮食之事。文本《在细雨中呼喊》《活着》《许三观卖血记》中，都充斥着大量关于食物、身体和饥饿的叙述，饮食甚至在刻画人物形象、转承故事情节以及展现文本内涵的过程中发挥着关键作用。饮食一事，人之大欲。余华曾自言，与性格相比更关心人物的欲望，因为"欲望比性格更能代表一个人的存在价值"②。在文本叙述中，对饮食的渴求是人物无法抗拒的生存本能欲望，而作为进食反面状态的饥饿则是人类"唯一无法用药医治的疾病"，同样在叙述中获得着重呈现。围绕着这种欲望与"疾病"，文本叙述展延出生的苦难、历史的进程，以及对"活着"的终极思考。

饮食代替人物说话，个体在进食过程中的满足感、获得感和饥饿时的痛苦、狼狈形成强烈反差，展现出小人物生存的苦难、挣扎、坚守与乐趣。在这

---

① 赵宪章：《形式美学之文本——以〈美食家〉为例》，《广西师范大学学报（哲学社会科学版）》2004年第3期，第59页。

② 余华：《我能否相信自己》，北京：人民日报出版社，1998年，第287页。

种叙述中，饮食和饥饿的常态化书写"突显了生活'活生生'的一面"，也避免了生活被时代或历史遮蔽的危险。细碎的生活、庸常的人事构成叙述的主体，社会动荡与政治风云后退成为叙述中被"悬置"的背景。在这个意义上，被着重凸显的饮食之事就不再是日常生活的局部组成，而直接成为人的生命、生活和生存的符号象征。

## 一、饮食与身体

饮食行为在人类的活动中占据着基础性地位，饥饿感传递出身体对进食的渴望，促使个体采取一切可能手段以消解饥饿、满足食欲，从而保障机体的运转和生命延续。在余华的文本创作中，时代背景往往被刻意地模糊化，从而将历史对人物命运的影响悬置，专注于人物根本生存境况的书写。① 因此，在余华的文本叙述中，饮食和饥饿并不是特殊历史语境下的时代问题，而是人类生命生存中必然面对的选择。人类的生存境况首先表现为饮食的状况，满足生命的基础性进食需求是稳定展开其他一切人文活动的前提。食物之于身体的重要性不言而喻，对进食的渴望是延续生命的本能欲求，因此文本人物的进食和挨饿都成为反映其生存境况的重要线索。

饮食叙述和饥饿叙述总是并行存在，如同一枚硬币不可分割的正反面。人物处于饥饿状态时对食物卑微而痴狂的渴求，经常成为余华作品的叙述重点：《在细雨中呼喊》里，父亲让曾祖父长久忍受饥饿，击垮了一个老人的意志与尊严；《活着》中福贵在忍受一个月的饥饿折磨后，一顿小米粥成就了毕生难忘的一餐，有庆在三年自然灾害期间反复地喝池水以获得另类的饱腹感，苦根难得吃一次豆子却落得被撑死的结局；《许三观卖血记》中，一家人喝稀得不能更稀的玉米粥后，一动不动地躺在床上以减少身体消耗，维持最低层次的生命运转。正常的饮食是身体正常运转的前提，而饮食匮乏所带来的饥饿能够直接摧毁人物的身体，使得其他的生命活动难以展开。

饮食与身体紧密相关，相较于其他人类活动，饮食行为的重要特点之一便是与身体的内在相关性，在一定程度上，个体吃下的每一口食物，最终都成为其身体的一部分。当食物进入口腔、进入身体，食者与所食之物成为一体。在这个意义上，能否正常地饮食便成为衡量个体身体好坏的方式之一，这种观点在余华的文学叙述中反复出现：家珍从卧床不起到病情渐好的转变，体现为其

---

① 余华在接受采访时表示："我以前往往有意淡化时代背景，那是因为我觉得时代背景对我作品中的人物命运影响不大。"转自张英：《余华：我能够对现实发言了》，《南方周末》2005年9月8日。

突然有了进食的欲望，"福贵，我饿了，给我熬点粥"，"当时我傻站了很久，我怎么也想不到家珍会好起来了……人只要想吃东西，那就没事了"；《许三观卖血记》中桂花的母亲从未来女婿的食量中解读出身体的好坏，进而选择退婚：

> 我心里就打起了锣鼓，想着他的身体是不是不行了，就托人把他请到家里来吃饭，看他能吃多少，他要是吃两大碗，我就会放心些，他要是吃了三碗，桂花就是他的人了……他吃完了一碗，我要去给他添饭，他说吃饱了，吃不下去了……一个粗粗壮壮的男人，吃不下饭，身体肯定是败掉了……

饮食者是否有进食的欲望、进食分量的大小，成为衡量身体素质和生命状态的重要方式。"吃"不仅是一种基础的生命活动，更是生命"活着"的直接体现，对于许三观和福贵们而言，比起抽象的医学因素和数据指标，与身体直接接触且内嵌于日常生活中的饮食之事，显然更便于依据和参考。吃喝的行为让食物成为食者身体的一部分，吃喝的状态能够衡量人的身体状态，而身体状态的好坏又决定着个体能否"出售"自己的身体。福贵的劳动付出、许三观的直接卖血实际上都是在以一定的形式出售自我的身体或身体的一部分。

许三观第一次卖血的经历并非苦难和现实的逼迫，而是在"身子骨结实的都卖血"和"在这地方没有卖过血的男人都娶不到女人"这两种观念的促使下，产生了对自我身体状态和生活娶亲的思考，从而加入阿方和根龙的卖血队伍。根据阿方的说法，"要娶女人、盖房子都是靠卖血挣的钱，这田地里挣的钱最多就是不让我们饿死"。血液对于人的身体至关重要，其承载运送的营养是人体各组织器官进行生命活动的基础。每一次卖血前，许三观们都喝足涨腹的水以达到稀释血液的目的，卖血后又急于饮食补血、活血之物，尽管乡村的饭血理论略显荒谬，但饮食与身体、身体与血液的联系，确实让饮食与血液建立起关联。许三观12次卖血的经历让他一家熬过了一段动荡的历史时期，面对三年自然灾害造就的饥饿折磨，许三观也曾卖血以换取食物果腹，"我要去卖血了，我要让家里的人吃上一顿好的饭菜"。以出售身体血液的方式，满足身体对饮食的渴求，在这个意义上，卖血实际上就是以损害生命的方式延续生命，以售卖身体一部分的方式换得身体生命活动的整体运行，以透支长久生命为代价换得此刻生命延续的可能。

进食是保障生命机体运转和延续的行为，通过摄取外部的可食物质以满足身体的需求，但文学叙述的虚构性能够倒转饮食与身体的这种关系，饮食活动不再仅是食物进入身体的过程，还意味着需要先"拿出"身体的一部分以换取食物。文本叙述中不断强调的"那年月拿命去换一碗饭也有人干"，讲述了饮食与生命关系的另类面貌。

当保障生命延续的饮食活动需要以透支生命为前提才能维持展开，很难确定这是在延续生命，还是在提前终结生命。如果说许三观因卖血而延续生命、熬过动荡，那么与许三观一同卖血的阿方和根龙则获得相反的结局：前者因卖血前喝水过多而撑破了"尿肚子"，后者因卖血致使脑血管破裂死在了医院。饮食是生命之本，是身体无法抑制的欲望，但当这个本能欲望需要以损耗身体自身为前提时，明显折射出饮食和身体之外的复杂现实。

## 二、饮食与生活

在中国当代文学叙述中，凡聚焦现实生活或社会风貌的文本，多少都会言及饮食之事，这一点在强调生活本味和趣味的饮食美文传统中有所体现，在"寻根""先锋""新写实"等文学潮流中依然如此。食事是生活的一部分，讲述饮食之事能够增强文本的"生活感"，展现"活生生"的生活原貌；不同的饮食能够反映出食者身份和生活的水平，饮食优劣的转变也代表着物质生活的丰裕与匮乏，进而折射出个体的人生起伏和广阔的时代变迁。

以饮食喻事，既是一种朴素的生活现象，又是文本叙述的重要方式。《许三观卖血记》中，许三观从第一次卖血所得的钱里拿出 8 角 3 分，阔绰地请"油条西施"许玉兰吃了小笼包、话梅、糖果，又以一条大前门香烟、一瓶黄酒说服许玉兰的父亲，最终迎娶佳人。饮食在男女婚事中的符号性作用在《活着》中亦有体现，在二喜与凤霞的亲事中，白酒、猪头肉、糕点，特别是结婚当日分送给村民们的香烟和糖果等扮演着重要的角色。这些饮食的出现，让凤霞成为村里出嫁最气派的姑娘，也让福贵一家暂时摆脱苦难的阴影笼罩，获得物质与精神的双重满足。

饮食不仅能够符号性地促成和展现男女婚嫁之事，也在家庭生活中扮演着重要角色，长久沿袭的"男主外，女主内"的社会分工，让女性肩负着烹调饮食、养育子女的家庭职责。此外，"食色，性也"的观念在男权社会广泛流传，也让女性与食物之间产生一种微妙的联系。面对福贵的纨绔不忠，妻子家珍曾以食喻事，准备了四道菜肴，"四样菜都是蔬菜，做得各不一样，可吃到下面都是一块差不多大小的猪肉"。以此说明女人与蔬菜像似，虽然看上去各不相同，但到最后都是一样的，从而规劝丈夫回归家庭。

以饮食言说生活，抓住女性负责家庭饮食的"本分职责"的特性，余华的饮食叙述勾勒出各具特色的女性形象。许三观在饮食的帮助下娶到"油条西施"许玉兰，叙述者也借许玉兰这一女性人物再度言说了饮食与生活的关联性："每个人多吃一口饭，谁也不会觉得多；少吃一口饭，谁也不会觉得少""人活一辈子，谁会没病没灾？谁没有个三长两短？遇到那些倒霉的事，有准备总比没有准备好。聪明人做事都给自己留一条退路……灾荒年景会来的，人活一生总会遇到那么几次，想躲是躲不了的"。被称为"油条西施"的许玉兰在生活中精打细算，但也正因她平日里每天存一把米在床下米缸的习惯，帮助了全家在饥荒时期能够靠稀粥勉强度日。许玉兰的形象特点，在其接受许三观的请客和统筹家庭饮食活动中得以凸显，而人物的饮食观折射出文本世界的生活观。

在《许三观卖血记》中一乐是一个特殊而略显尴尬的人物，作为许三观最喜爱的大儿子，实际上却是许玉兰和何小勇的"爱情结晶"，一乐身份"曝光"后的尴尬与无所适从都在饮食叙述中获得巧妙展现：许三观卖血后带上盛装准备的全家去胜利饭店吃面条，唯独留一乐去吃五角钱的红薯。一个孩子面对红薯虔诚的吃相、到饭店接近家人的渴望、寻找生父被拒绝的尴尬，最终促成了他对"父亲"这一身份荒诞而现实的认知："谁给我一碗面条，谁就是我亲爹。"血缘、伦理这些抽象的概念对于十岁的孩子而言难以理解，但身份的尴尬在饮食差异和饥饿的折磨中变得清晰无比，只有吃面条、填补食欲、解决温饱，才能消解身份的尴尬，印证自我存在的合理性。当许三观一边骂着一乐，一边背着这个非亲生的儿子走向胜利饭店时；当为了筹钱医治这个孩子连续卖血最终晕倒在血站，又主动地让一乐为何小勇喊魂，"一乐，你就喊几声吧，你喊了以后，我就是你亲爹了"，这个斤斤计较的市井小民，以自己的实际行动向一乐解释了父亲这一身份的内涵，也理顺了自己在血缘伦理上的纠葛认知，展现了人对生命的世俗态度。

余华的叙述往往被学界解读为苦难主题，食物匮乏作为生活苦难最常见的形式，自然成为文本叙述的重要内容。一生历经磨难的福贵和十二次卖血的许三观都是"像生活一样实实在在的人"，他们所承受的苦难不是个人的不幸遭遇，而是生活的普遍现象和"活着"的本质。文学强调叙述对"生"和"活"的再现，并非执着于某种苦难在现实生活中的真实性，而是通过以饮食为代表的密集的生活现象，去探寻和透视生活的本质；以饥饿为索引，去诠释和呈现苦难中个体的感受与行为反应。

在这个过程中，酿成苦难的根源与时代的大变迁都成为后置的叙述背景，而人的生活本身则被推到叙述的最前沿。饮食欲望串联起人物的生与死、成长与婚姻、家庭伦理和亲子关系，也展现了个体的生活轨迹和存在价值。换言之，饮食与饥饿能够成为整体生活的提喻，饮食叙述成为一种极佳的"以小见大"、再现生活风貌与历史风云的方式。

### 三、饮食与生存

文本叙述强调饮食之于身体的重要性以及作为生活现象的本真性，最终都导向了人的生存境况这一命题，鲁迅曾就此谈道："假如我们设立一个'肚子饿了怎么办'的题目，拖出古人来质问罢，倘说'肚子饿了应该争食吃'，则即使这人是秦桧，我赞成他，倘说'应当打嘴巴'，那就是岳飞，也必须反对。如果诸葛亮出来说明，道是'吃食不过要发生温热，现在打起嘴巴来，因为摩擦，也有温热发生，所以等于吃饭'，则我们必须撕掉他假科学的面子，先前的品行如何，是不必计算的。"渴求食物、满足饥饿、维持生存是自然而首要的行为，在生存尚且无法保障的情况下，强制性的道德考验和科学解释会力不从心，"一要生存、二要温饱、三是发展"，已经说明了先后顺序。

饮食与饥饿都指向一种特定的生存状态，中国当代文学作品中，不乏将饮食与道德联系在一起的叙述。张贤亮笔下的食物匮乏对主人公而言具有道德审判的意味，能否克服肉体的饥饿感成为衡量一个人是否具备优越道德的标尺。如果主人公向饮食屈服，则往往在满足身体欲望的同时承受着强烈的自我道德批判。但这种饮食和饥饿引起其道德文化冲突的叙述，在余华的叙述中直接让位给生存需求。人对于饮食的追逐是满足果腹的本能行为，"吃"本身就是生存的体现，是"活着"的证明。文本中，疯抢空投食物的国军，"他们嗷嗷乱叫着和野狼没有什么两样"；福贵们吃解放军分发的馒头时，"声音比几十头猪吃东西还要响亮"。极度饥饿会让人对食物以外的其他事物失去兴趣，餐桌礼仪、饮食规范都被不可逃避的饥饿感驱散，这种状态下的饮食是一种只为生存的行为。

饮食之于生存的重要性体现在人的身体和精神双重层面。饥饿可以摧毁人的身体，也可以击垮一个人的思维意志。《在细雨中呼喊》里的"父亲"与"祖父"的较量，便呈现为前者以饮食为惩戒手段，不让后者吃饱饭。在理想的死亡与现实的饥饿之间有过激烈犹豫的"祖父"，最终还是屈服于饥饿的力量，求生的本能击垮了个体的自尊，因此"那些日子村里人时常在我家的后窗，看到孙有元伸出舌头，兢兢业业地舔着那些滞留饭菜痕迹的碗"[①]。正如

---

① 余华：《在细雨中呼喊》，北京：作家出版社，2012年版，184页。

文本叙述者所言，意志只有在吃饱穿暖时才足够坚强，饮食的诱惑连接着人的求生本能。小说《许三观卖血记》中许三观在饥荒年代食物极度匮乏时，用嘴巴为全家"炒"了一顿佳肴：

> 许三观对儿子们说："我知道你们心里最想的是什么，就是吃，今天我就辛苦一下，我用嘴给你们每人炒一道菜，你们就用耳朵听着吃了，你们别用嘴，用嘴连个屁都吃不到，都把耳朵竖起来，我马上就要炒菜了……"

> 许三观说："我就给三乐做一个红烧肉。肉，有肥有瘦，红烧肉的话，最好是肥瘦各一半，而且还要带上肉皮。我先把肉切成一片一片的，有手指那么粗，半个手掌那么大，我给三乐切三片……"

> 许三观说："我先把四片肉放到水里煮一会儿，煮熟就行，不能煮老了，煮熟后拿起来晾干，晾干以后放到油锅里一炸，再放上酱油，放上一点五香，放上一点黄酒，再放上水，就用文火慢慢地炖，炖上两个小时，水差不多炖干时，红烧肉就做成了……揭开锅盖，一股肉香是扑鼻而来，拿起筷子，夹一片放到嘴里一咬……"

许三观"用嘴巴炒菜"的片段是文本饮食叙述的精彩篇章，给孩子的红烧肉、给许玉兰的清蒸鲫鱼、给自己的爆炒猪肝，许三观用话语和想象烹调美食，以幻想的满足缓解现实的饥饿，饮食想象配合接收者的感官感知，成为个体在饮食匮乏时的自我慰藉方式。对于许三观们而言，寻找食物是生存的首要任务，身体对食物的渴求从来都难以抑制，生活本身就是饮食起居、洒扫应对的常事，甚至历史也是由吃与喝、行与住构成的历史，文本所涉及的历史事件在许三观侧重吃喝的话语中被浓缩式展现，最终又被戏谑式地概括为："在天宁寺食堂吃了以后，没有打饱嗝；在戏院食堂吃了也没打饱嗝；就是在丝厂食堂吃了以后，饱嗝打了一宵，一直打到天亮。"

关于历史与饥饿的叙述在文学史上车载斗量，比起笔调沉重的哭诉，善用"文学的减法"的余华，以文学的"轻"缓冲了历史的"重"，通过叙述人物的饮食活动再度澄明了"吃"与人的身体、生活和生存的关联。饮食作为线索，讲述了一段苦难的岁月和在苦难中求生不息的人，正如许三观在每次卖血后到胜利饭店喊出的"来一盘炒猪肝，二两温黄酒"，对于食物不止的欲望在重复的话语中"演进"成意义行为。反复不止的饮食是人类对于"活着"的本能坚守。

在中国当代文学中，饮食凭借其与现实生存的直接联系，及其所拥有的唤起情感与文化认同的力量，成为文本叙述的重要内容之一，味感经验既是私人的，也是文化的。文学中的饮食叙述，既是创作者的个体经验，也构成一种时代的集体话语。中国当代社会发展进程中的历史性危机、社会动荡、文化变迁以及日渐兴起的消费主义，都在人们日常重复的饮食活动中留下印记，也在文学叙述中获得展现。

## 第五节　莫言：极端的饥饿、极致的吃喝

莫言自获诺贝尔文学奖以来，关于其小说创作主题、语言特色、人物形象、文体类型和民间视野等方面的研究讨论可谓繁多而细致。在他的作品叙述中，"饮食"以及因食物匮乏所致的"饥饿"是一个绕不开的话题。莫言曾毫不避讳地坦言，其文学创作与饮食之间存在密切的关联：最初下定决心成为一个作家，仅仅为了能过上"一天三顿肥肉馅水饺"的幸福生活[1]；"因为生出来就吃不饱，所以最早的记忆就与食物有关"[2]；"我想很多生活当中最屈辱的事情是跟食物有关的，最丧失自尊、让我最后悔的事情也是跟食物有关的，后来，我觉得最大的幸福可能也是跟食物有关的"[3]。在那个物资匮乏的年代，童年忍饥挨饿的苦楚、对食物的本能渴望，都深深地印刻进个体的记忆之中，也影响着作家的文学叙述；也正是在集中性地呈现饥饿和进食的过程中，莫言省察了一段特殊历史的行进轨迹，以此洞察着人性的困顿以及隐藏在饮食背后的复杂伦理权力关系和生命原初的野蛮强力。

在莫言的作品叙述中，饥饿感不仅是一种生理感觉，更是一种生活体验，饥饿时对食物的原始渴望、动物性的觅食方式以及野蛮的进食体验，都在他的文学叙述中获得了"夸张"和"变形"的合理性。人类的饮食是一个包含了"饥饿"和"浪费"两端的长光谱，莫言作品的饮食叙述一方面集中于"饥饿"一端，让饮食活动成为考察人性的试金石：《透明的红萝卜》中饱受继母虐待的黑孩因长期饥饿而矮小瘦弱，却有着超凡的感官能力，他看到在阳光下闪烁着奇异光彩的红萝卜，象征着在残酷的现实生活中依然葆有的希望；《黑沙滩》里年轻的入伍军人之所以积极地参军入伍、干活劳作，其实是为了摆脱饥饿、吃上白面馒头和白菜炖猪肉，甚至不惜为此舍弃良知出卖农场主；《五个馍馍》

---

[1]　莫言：《莫言讲演新篇》，北京：文化艺术出版社，2010年，第125～127页。
[2]　莫言：《什么气味最美好》，海口：南海出版公司，2002年，第91页。
[3]　莫言、邱晓雨：《莫言："我屈辱的事都和食物有关"》，《全国新书目》2011年第12期，第29～30页。

中除夕夜用来敬天的馍馍不翼而飞，饥饿时填饱肚子的渴望，可以不费力地战胜敬天的虔诚；《丰乳肥臀》中的大饥荒时期，人们又在饥饿的驱使下将田野"洗劫一空"。

另外，莫言作品的饮食叙述也将饮食拉至与"饥饿"相反的另一个极端，浪费和奢宴让饮食变得复杂。《丰乳丰臀》中"东方鸟类中心"尽揽奇珍的百鸟宴，《四十一炮》里空前壮观、全民参与的"肉食节"，《酒国》里极尽铺张和奢靡的饮食（特别是"红烧婴儿""麒麟送子"作为最高规格名菜），和《红树林》里令人瞠目结舌的"女体宴"，又将"吃饭"的命题拉向了"吃人"的深度。食物是生存的必需品，吃喝在日常生活中不断重复，由此构成了生存的基础，然而浪费和饥饿却在人类的饮食史上长久地并存，显示着人类饮食活动的复杂性，也对应着实在世界中的社会等级结构，文学叙述再现并放大了这种等级差异，即人与人、阶层与阶层的距离。这不仅意味日常吃喝的不同，还意味着一方随时可能将另一方端上"餐桌"。在饥饿与浪费、吃与被吃之间，莫言书写着对历史、人性和生命强力的反思。

## 一、重回"动物性"的饥饿和进食

莫言饮食叙述的突出特点之一便是重回"动物性"。对于饮食这项基础的生物性需求，文本叙述寄予了极大的宽宥，特别是对人类因极度饥饿而重回动物性进食表现出怜悯和痛心。饥饿是人类生存的一项根本性难题，也是人类饮食活动抹不去的阴影。置身于饥馑年代，生命机体的正常运转和延续面临着危机，极度的饥饿对应极度物性的饮食，而不再留给饮食符号意义解释的余地，人类的饮食变得扁平化，再次降解为"饥饿""觅食""咀嚼""吞咽"到再度"饥饿"的机械循环。在这种情况下，个体的尊严、伦理道德的约束以及其他的社会性法则都显得苍白而无力，人类主动或被动地重回"动物性"。

在饥饿面前，唯一重要的只有食物。《丰乳肥臀》中的食堂炊事员张麻子，在饥饿的1960年，凭借着对饮食资源的微末掌控力，以食物为诱饵几乎诱奸了整个农场的所有"女右派"，这其中包括出身名门且留学俄罗斯的霍丽娜，也包括年轻、漂亮、难以驯服的七姐乔其莎：

> 在每天六两粮食的时代还能拒绝把绵羊的精液注入母兔体内的乔其莎在每天一两粮食的时代里既不相信政治也不相信科学，她凭着动物的本能追逐着馒头，至于举着馒头的人是谁已经毫无意义。就这样她跟着馒头进入了柳林深处……她像偷食的狗一样……这时她的嘴吞食，她的身体其他部分无条件地服从他的摆布来换取嘴巴吞咽时的无干扰……

极端境况下的进食活动触目惊心，问题是面对这样赤裸的天性，既无法责问一贯深信知识与科学的乔其莎为何会向"两块馒头"屈服，也无法简单地抨击或归责于张麻子的猥琐欲望。60年代的饥饿是一个时代的问题，身处于时代中，个体既有施害者，也有胁迫者、无知者，但更多的是困惑于时代、受难于时代和挣扎于时代的普罗大众。饥饿本应是一种非常态的生存境况，因为获取食物是真正的、无须质疑的天赋人权，但是在莫言的叙述中，饥饿反复地出现以至成为文本世界的常态，长久的物资匮乏使人们的身体习惯于忍饥挨饿，而当饥饿终于离去后，人们饱腹的一瞬可能反而意味着死亡。

不仅是七姐乔其莎最终因食用豆饼而撑死，早在文本第十八章中，二姐夫司马库为了庆祝抗战胜利和重返家园，便"杀了几十口猪，宰了十几头牛，挖出了十几缸陈酒"，酒和肉都直接盛放在大街的桌上，由村民任意取用。从食难果腹到疯狂地吃喝，结果是"章家的大儿子章钱儿吃喝过多，撑死在大街上，当人们为他收尸时，酒和肉便从他的嘴巴和鼻孔里喷出来"。在生物普遍性的进食活动中，对取食分量的判断是一般性动物也拥有的自然本能，"吃饱了就停下来"，然而对于经过极端饥饿折磨的人们而言，这种基础的判断力也只能让位给"疯狂地吞咽"。

被饥饿吞噬的恐惧驱使个体迫切地吞下面前所有的食物，用餐降解为吞咽，人们甚至无暇顾忌肠胃的感受，只有通过不停吞咽才能感受到生存的真实，最终的结果是人们熬过了饥饿，却死于饱腹。恩格斯曾就人的动物性做出说明："人来源于动物界这一事实已经决定人永远不能完全摆脱兽性，所以问题永远只能在于摆脱得多些或少些，在于兽性或人性的程度上的差异。"换言之，完整的"人性"中本就是包含着"动物性"，尽管文化在人类早期阶段就已经广泛地参与了饮食范围的划定、身体进化的方向、社会的组织方式等，甚至随着历史的演进，饮食活动发展出高度精细化、文明化和符号性的餐饮，但正如"兽性"是"人性"不可切割的部分，人类饮食活动中的"动物性"和"文化性"也难以清晰地区分先后和主次。饥饿时人类饮食本就兼具生物和文化的双重属性，至于"动物性"和"文化性"在饮食活动中占据何种关键地位，取决于个体的情感与意志，更取决于个体所处时代的社会文化背景。不仅如此，这两种属性的成分占比显然始终处于动态的变化之中，而不只是依附于文明进化的线性历程。莫言叙述中的饥饿和动物性进食虽然有着"魔幻现实主义"的标签和艺术的夸张，实际上却与人类历史上阶段性爆发的饥荒惨象相距不远，在极端饥饿的境况下，人们对进食的欲望与动物并无二致。

不仅如此，在重回"动物性"方面，文本《丰乳肥臀》还叙述了"鸟儿韩"的故事，这个被日本人俘虏至北海道做劳工的捕鸟人，在突出围剿后逃到深山藏匿了十五年；他像动物一样嚎叫，并且划出自己的领地范围，他与狼搏斗、僵持、对峙，最终实现了和平共处、比邻而居的生存状态。鸟儿韩在深山中对动物性的回归更加彻底，他与野兽共生共存，过着近似于人类祖先茹毛饮血的生活。康拉德·洛伦兹（Konrad Lorenz）曾指出，动物具有四种本能：食、性、逃跑和攻击。① 随着社会的发展，人类在动物本能之上发展出更多、更"人性"的活动，然而时代的动荡能够造就一种残酷的生存环境，在荒诞的时代背景下，任何荒诞的行为都能变得"适宜"。

## 二、原始生命强力

面对极端性的灾祸和饥饿，人类重回动物本能，这既是生命的自然要求，也是一种生存策略。对食物的渴望是生命的原始欲望，人类的本性中有着生存和繁殖的冲动，这之间蕴含着一种原始的生命强力。在莫言的文本叙述中，重回"动物性"不仅意味将人物置于特殊的境况下，突出其食、色本性，也暗含着原始的生命强力，及其对社会文明藩篱的挑战和突破。德斯蒙德·莫里斯（Desmond Morris）曾将人类称作"裸猿"，意指没有体毛因此裸露着身体的猿猴。人类无论经由文化的作用进化出多少"高尚的"新习性，也没能与生物遗传作用下的"鄙俗的"旧习性划清界线。战争与自然灾害是莫言文本世界的常态化背景，这种特殊的背景构成了一种催化剂，不仅催生出极端的饥饿和困顿，也刺激着人的动物性回归。在宏大的时代风云面前，个体的生命被弃置如草芥。当长久秉持和遵循的社会文明规范不再能指引人们如何生活时，那些"鄙俗"的、生物的旧习性反而能保障生命的底线性延续。

饥饿本身就是一种对生命的掠夺，满足饥饿就是在延长生命，吃就是活着的证明。食物与生命力相连，在《红高粱家族》中，生机勃勃的红高粱是生命强力的象征，"我"的奶奶戴凤莲被迫嫁给了家境殷实但身患麻风病的单扁郎，却与"劫匪"余占鳌在红高粱地里野合，他们的做法遵从于生命的原始冲动和本能欲望，他们在高粱棵子里穿梭拉网、杀人越货、"精忠报国"，上演着"英勇悲壮的舞剧"，也呈现着生命的本真状态。在这段文本叙述中，人与红高粱融合成一体，由高粱滋养的生命又一次在高粱地里繁衍生息。食物、食者和土地之间有着密不可分的联系，饮食不仅能延续生命，也成为人与他人、与自然联系的媒介。在文本《狗道》中，昏迷中的爷爷因闻到高粱米饭的香气而醒

---

① 康拉德·洛伦兹：《攻击与人性》，王守珍、吴月娇译，北京：作家出版社，1987年，第91页。

来，又在吃完高粱米饭后，而逐渐恢复身体健康。饥饿境遇下对食物的渴望实际上也就是对生命延续的渴望，是希望活下去的证明。

《蛙》的开篇描述了一群孩子在饥饿的驱使下集体吃煤的景象："我们抽动鼻子，像从废墟中寻找食物的狗……我们痴迷地听着他们咀嚼煤块时发出的声音。我们惊讶地看到他们吞咽。我们学着他们的样子，把煤块砸碎，捡起来，用门牙先啃下一点，品尝滋味，虽有些牙碜，但滋味不错。"除了"煤"以外，"铁"也进入了人们的饮食范畴，文本《铁孩》叙述了大炼钢铁时代，在无人看管且长期吃不饱肚子的情况下，两个孩子学会了吃铁的经历。"煤"与"铁"在实在层面上是否可食暂且悬置，但在文本世界中，吃铁与吃煤的情景真切地发生了，这不仅是文学叙述对人类咀嚼功能的夸张，儿童面对饥饿所发展出的特异能力，也是以扩大自身饮食范畴的方式应对物资的匮乏、缓解身体的饥饿。同样，这种非常态的特殊食物也在与实在世界的饮食范畴比对中，显示了饥饿对人们生理和心理上的异化。

在饥饿的面前，人变得渺小，仿佛退化到早期人类祖先在大自然中觅食的情景：懵懂无知又竭尽全力地探索周遭环境中一切可食的物质，试着建构和扩充自己的饮食范畴，想尽一切方式保障食物的获取，从而维持着基础性的生命生存。极端性饥饿会让人类的饮食范畴再次陷入不确定的状态，这是一种退化，也是一种回归。不仅如此，人向祖先的回归、向动物性回归，还体现于人在特殊境况下的反刍行为，《粮食》中"梅生娘"为了家人的生存，偷吃生产队里的粮食，回到家以后再吐出来煮给家人吃，以此勉强维持着一家人的底线性生存；《梦境与杂种》中，"我"上初中后，之所以还能吃上被同学和老师羡慕的粮食菜饼子，也是因为"柳叶"在拉磨时将粮食吃到胃里，回家后再吐出来，而这种反刍也最终导致了"柳叶"的习惯性呕吐，使她不再能进行正常的吞咽和消化。《丰乳肥臀》中的母亲"上官鲁氏"也是以同样的方法养育家里的孩子们：

> 她用手捂着嘴巴，跑到杏树下那个盛满清水的大木盆边，扑地跪下，双手扶住盆沿，脖子抻直，嘴巴张开，哇哇地呕吐着，一股很干燥的豌豆，哗啦啦地倾泻到木盆里，砸出了一盆扑扑簌簌的水声……后来吐出的豌豆与粘稠的胃液混在一起，一团一团地往木盆里跌落。终于吐完了，她把手伸进盆里，从水中抄起那些豌豆看了一下，脸上显出满意的神情……他呼噜呼噜地，只用了几秒钟时间，便把那碗生面粥喝光了。他感到口腔里有一股血腥的味道，他知道那是母亲的胃里和喉咙里呕出来的血。

关于"反刍"的叙述在莫言的作品中多次出现，特殊的饥饿年代唤起人的动物性本能，母亲选择反刍以哺育孩子，将自己肠胃变成盛粮的口袋。反刍既是动物性的，也是人性的，人与人之间的情感关系驱使着个体的反刍行为，满足最基础的生理需求的过程需要动物性和人性的共同作用。关于人的需求问题，心理学家亚伯拉罕·马斯洛曾将其从低到高划分为生理需求、安全需求、爱与归属需求、尊重的需求和自我实现五个层次，在这个需求结构中，尽管高层次的需求更能体现人之为人的特性，但是实际上无论一个人在生活中达到什么层次，如果食物的需要突然不能被满足，这种需求便会再次支配人的生活。换言之，对饮食需求的满足是支撑这个需求体系的基础，面对生与死的绝境，如果食物是支配一切的关键，那么重回动物性、释放其所蕴含的蛮力才能拯救生命。

### 三、在"吃"与"被吃"之间

莫言的作品很少涉及细嚼慢咽、温文尔雅的饮食现象，而是以较多的笔墨重复性地创设着"极端饥饿"这种特殊的饮食境况，文本人物的饮食活动常常与生死直接相关，吃喝的行为中浸透着对生的渴望。叙述者也大都对这些忍受饥饿的人们怀着怜悯之心，对他们"吃"的天赋权利给予肯定，赞扬他们围绕着饮食活动所展现出的原始生命强力。正如张志忠曾在《莫言论》中指出："童心和饱腹，母性和情欲，这些尚未脱离人的自然属性的、尚未超越于人的感觉的内容，他们停留在人的需要的最低层次上……但它们确是切切实实地存在着的、每日每时的演进着的中国农民的人生。"[①] 然而，当文本的叙述重心从"极端饥饿"转变为"极致吃喝"后，人类饮食便在莫言的作品世界中获得截然不同的表现。

小说《酒国》出版于1993年，文本以特级侦察员丁钩儿调查酒国市食用婴儿的事件为情节线索，穿插叙述了繁多、芜杂甚至令人瞠目的饮食场景：美酒如"黛玉葬花""绿蚁重叠"，饮酒方式如"梅花三弄""潜水艇"，宴席如"龙凤呈祥"的全驴宴，以及被称为"人间第一美味"的婴儿宴等，大量的饮食描写不断稀释着故事的主导情节，让极致的吃喝——"吃人"成了叙述的焦点。在文本中，酒国市成立了专门的收购部门，搜罗各类珍异食材，甚至是"婴儿"，叙述者更是借"小妖精"之口，给出了酒国市官员之所以食用婴儿的原因：

① 张志忠：《莫言论》，北京：中国社会科学出版社，1990年，第72页。

他们为什么要吃小孩呢？道理很简单，因为他们吃腻了牛、羊、猪、狗、骡子、兔子、鸡、鸭、鸽子、驴、骆驼、马驹、刺猬、麻雀、燕子、雁、鹅、猫、老鼠、黄鼬、猞猁，所以他们要吃小孩，因为我们的肉比牛肉嫩，比羊肉鲜，比猪肉香，比狗肉肥，比骡子肉软，比兔子肉硬……比黄鼬肉少鬼气，比猞猁肉通俗。我们的肉是人间第一美味。

堆叠的词汇如同失去意义的空泛口号，连绵不绝的"理由"实际上构成了对"无理"的论证。"吃人"并不是中国文学中的新主题，早在《资治通鉴》中就已有易牙蒸子献给齐桓公的记述；鲁迅在《狂人日记》重塑了"吃人"的内涵并将矛头直指封建礼教。在人类的发展史上，"人吃人"的现象也曾广泛地出现在生产力水平低下的原始社会。随着社会的发展，人类饮食向文明化、精细化方向进化，但尽管如此，战争和饥荒也曾在近现代社会中扼住文明和理性的咽喉，让"人吃人"的极端现象再度出现。而《酒国》的特殊之处在于，它所叙述的"吃人"既不是由于生产力水平低下，也与物质匮乏和生存危机没有任何联系；相反，它是物质过剩、追求感官享受和刺激的结果，不再是个例而是群体性的宴饮，不再是符号性的意指而是实在的吃喝。

文本叙述甚至细致地区分了男婴与女婴的优劣，详细描述了名菜"麒麟送子"的情况。人类的食肉行为，由于其中包含着不可避免的杀戮，即使与大自然物竞天择的法则相适，也遵循着长久的饮食传统和惯习，仍时常面临着伦理道德的考验，而《酒国》所叙述的"吃人"更是真正的极端性饮食。"被肮脏的都市生活臭水浸泡过"的肉体，上演着食用婴儿的荒诞戏码，与曾经反刍以哺育儿女的高密东北乡的"母亲们"，像是两个不同的"人种"。《酒国》里繁芜的饮食与莫言乡土叙述中的饥饿形成对比，极致的吃喝之下是空洞的肉身，不再是在苦难面前迸发的原始生命强力，而是对现代个体和集体腐化的展示，对社会文化内生颓废的反思。

自然构成一个巨大的生命集合的场域，人类在这个场域中自以为被赋予了突出的地位。烹调和进食让人与他者、与自然和文化联系在一起，不仅作为日常生活的基础性活动，其也界定着人在这个世界中所处的位置：人类向神灵献祭，同时猎食其他生物。这里暗含着一种生命系统的层级性，因为比神灵低微，因此虔诚地向神灵敬献牺牲；因为比其他生物优越，因此可以自然地捕猎、杀戮和烹食其他生物，以它们的生命为代价换取自我生命的延续。

然而，事实是这个生命场域并不存在所谓的"中心"，尽管人类与其他生物的差异显而易见，高低有序的食物链也是生态系统运行的脉络，但面对生存和繁衍时，生命最低级的形式和最高级的形式应当具有同等的资格，更不用说人与人在生存权上的平等性。关于食肉的反对声主要来自部分动物保护主义者，但吃人则遭遇着普遍而猛烈的抨击，这之中的道德争议不再围绕人与其他动物，而是关于人类社会内部的阶级差异。

　　《酒国》的叙述夸大了这种差异，将"吃肉"延伸到"吃人"，将生物系统中生存的等级性明确地转换为权力关系，食肉不仅意味着人掌控其他生物生命的权力，也暗示着对其他"人"的完全掌控。如果人类社会内部的阶级鸿沟意味着能够将"低于"自己的另一个人直接搬上餐桌，运用高度文明的烹调技艺和餐桌礼仪烹煮、装点和品尝同类，则更像是一种现代文明的梦魇。

# 结　论


　　人类饮食是一项重要的意义活动，具有跨越文明界线的普遍性。食物相对稳定的供给为人类文明的出现搭建了平台。人类文明的进程，在某种程度上可以视为人类获取食物方式的历程，从早期的采集－狩猎到农耕、游牧、渔猎，人类获取食物的方式也即社会生产的方式与生态环境结合共生，形成人类文明的多样性。随即食物又成为塑造社会组织与沟通不同文明的交流工具，食物的储存与分配孕育出权力与阶级，食物盛宴的举行演绎出地位与声誉，食物贸易的路线照亮世界的完整版图，异域食物的传播承载着思想与文化的碰撞。以食物为纽带，围绕着饮食活动，人与他人、与族群、与世界的关系连接起来，人不再是自然中孤立的个体，而是文化网络中的一员。

　　人类饮食的时代性特征和文化内涵，证明了其作为意义表述的现实性和合理性。在生物普遍性的进食活动中，只有人类从事烹饪的身体实践并建立起独立的饮食系统。在这个系统中，饥饿和浪费分别置于两个相反的极端，它们在不同社会中的矛盾共存让人类饮食时刻面临着道德的考验，也不断提醒着人们饮食活动作为一种文化活动的复杂性，而绝不仅是一种简单的日常重复的生理行为。不存在没有道义维度的文化，因此也没有能够完全摆脱伦理审视的人类饮食，在不同的文化系统中，特定的符号文本或明或暗地指示了人们饮食活动的边界。

　　人类饮食是一项包含着食材的获取、烹调加工和用餐礼仪的系统性活动。生理层面上"可以吃"的东西和人们实际上"愿意吃"的东西，两者范畴并不一致。成为"食物"，本身就暗含着一种选择和排除的意义操作。烹调和用餐占据着饮食活动的核心环节，具象的饮食文本连接着烹调者和用餐者，也构成了一个符号从发送到接收的完整过程，从而实现饮食从发送者的意图意义、饮食文本意义和用餐者的解释意义的轮流在场。在这个过程中，食材的取舍标准、饮食文本编码和解码的规则在很大程度上都取决于文化的规约。正因如此，一餐饭食既能够成为个体展演自我、彰显身份和区隔他人的社会性表述，也能成为团结群体、共享身份和开展人际交往的重要方式。

人类饮食在不同阶级、地域、宗教和性别之间展现出的差异化特征，不仅构成了专属于人类饮食的文化殊相，也在意识形态的辩护下取得"理应如此"的"合法性"。选择或拒斥某种食物，成为个体进驻或退出某一群体的符号性表述，然而这种将食物和符号意义相连接的机制，以及个体之所以展开这种行为的背后逻辑，则是意识形态前置性作用的结果。任何个体都是文化中的个体，个体的任何行为都是一种文化行为，都受控于意识形态的规范。饮食既是一项生理需求，也是一种文化活动、意义表述和权力行为。

因此，人类饮食实际上构成一个节点。它一方面证明了人类的生物属性，另一方面又是人类文明演进的基础与动力，人类在不断满足果腹之欲的过程中模塑着自身及其生存其间的世界，人类追寻食物的历程就是人类自身历史与文明展开的进程。人类对食物的追求中交织重叠着对生存意义的追求，饮食以及人类围绕着饮食的活动构成一个绝佳的演练场所，使人类得以观看自身如何在进行基础性生理活动的同时，成为社会中追求意义的个体。

从饥饿到浪费，再到具体的烹调实践、饮食文本，人们节奏性吃喝的行为与时代同频共振，饮食在"物"与"符号"之间来回滑动，折射的是社会性符号系统的动荡，更是社会发展的曲折进程和文化元语言的变迁。饮食强烈的生理性功能和一日三餐的节奏，容易让人们习惯以"不假思索"的方式对待饮食，忽略其作为一项意义活动的复杂性和人文性。文学叙述给人们提供了一个机会，使人们得以从日常吃喝的惯性行为中暂时解脱，从而在拉开一定距离的情况下，再度审视庸常化的饮食活动，发掘被繁芜的现实遮蔽的味外之意、言外之意。中国当代社会发展的复杂性决定了当代文学中的饮食表现，它既是人们在时代大潮中挣扎求生的本能，也是延续文人传统的生活趣味，以及应时代之变而生的生活方式。在物质不断趋向丰裕、追求和鉴赏美食已成为普遍社会风尚之时，再度审视当代文学中的饮食叙述，有助于人们思考饮食与社会符号系统的整体性关联。

# 参考文献

A. J. 格雷马斯. 论意义：符号学论文集 [C]. 吴泓缈，冯学俊，译. 天津：百花文艺出版社，2011.

C. S. 皮尔斯. 皮尔斯：论符号 [M]. 赵星植，译. 成都：四川大学出版社，2014.

P. R. 桑迪. 神圣的饥饿：作为文化系统的食人俗 [M]. 郑元者，译. 北京：中央编译出版社，2013.

阿城. 棋王 树王 孩子王 [M]. 北京：人民文学出版社，2013.

阿图洛·瓦尔曼. 玉米与资本主义——一个实现了全球霸权的植物杂种的故事 [M]. 谷晓静，译. 上海：华东师范大学出版社，2005.

埃尔韦·蒂斯. 分子厨艺：探索美味的科学秘密 [M]. 郭可，傅楚楚，译. 北京：商务印书馆，2016.

埃文斯－普里查德. 努尔人：对尼罗河畔一个人群的生活方式和政治制度的描述 [M]. 褚建芳，阎书昌，赵旭东，译. 北京：华夏出版社，2002.

安德鲁·F. 史密斯. 汉堡：吃的全球史 [M]. 陈燕，译. 桂林：漓江出版社，2014.

安东尼·吉登斯. 现代性与自我认同：晚期现代中的自我与社会 [M]. 夏璐，译. 北京：中国人民大学出版社，2016.

拜伦·古德. 医学、理性与经验：一个人类学的视角 [M]. 吕文江，余晓燕，余成普，译. 北京：北京大学出版社，2010.

本尼迪克·安德森. 想象的共同体：民族主义的起源与散布 [M]. 吴叡人，译. 上海：上海人民出版社，2005.

比·威尔逊. 美味欺诈：食品造假与打假的历史 [M]. 周继岚，译. 北京：生活·读书·新知三联书店，2010.

查尔斯·A. 科伦比. 朗姆酒的传奇之旅：曾经征服了整个世界的饮料 [M]. 余小倩，李红果，张小红，译. 北京：新星出版社，2006.

陈炎，李梅. 中西饮食文化的古代、现代、后现代特征 [J]. 中国文化研究，
　2009 (3).

陈宗懋. 中国茶经 [M]. 上海：上海文化出版社，1992.

池波正太郎. 食桌情景 [M]. 廖卿惠，译. 北京：生活·读书·新知三联书
　店，2011.

池上嘉彦. 符号学入门 [M]. 张晓云，译. 北京：国际文化出版公司，1985.

戴慧思. 中国都市消费革命 [M]. 北京：社会科学文献出版社，2006.

杜莉. 吃贯中西 [M]. 济南：山东画报出版社，2010.

恩斯特·卡西尔. 人论：人类文化哲学导引 [M]. 甘阳，译. 上海：上海译文
　出版社，2013.

方铁，冯敏. 中国饮食文化史·西南地区卷 [M]. 北京：中国轻工业出版
　社，2013.

菲利普·费尔南德斯·阿莫斯图. 食物的历史 [M]. 何舒平，译. 北京：中信
　出版社，2005.

费尔南·布罗代尔. 论历史 [M]. 刘北成，周立红，译. 北京：北京大学出版
　社，2008.

费孝通. 乡土中国 [M]. 北京：中华书局，2013.

冯珠娣. 饕餮之欲：当代中国的食与色 [M]. 郭乙瑶，马磊，江素侠，译. 南
　京：江苏人民出版社，2009.

弗朗辛·珀丝. 七宗罪：贪吃 [M]. 李玉瑶，译. 北京：生活·读书·新知三
　联书店，2007.

龚鹏程. 饮馔丛谈 [M]. 济南：山东画报出版社，2010.

龚鹏程. 中国传统文化十五讲 [M]. 北京：北京大学出版社，2006.

贡特尔·希施费尔德. 欧洲饮食文化史：从石器时代至今的营养史 [M]. 吴
　裕康，译. 桂林：广西师范大学出版社，2006.

辜鸿铭. 中国人的精神 [M]. 北京：北京联合出版公司，2013.

郭于华. 关于"吃"的文化人类学思考——评尤金·N. 安德森的《中国食物》
　[J]. 民间文化论坛，2006 (5).

郭于华. 透视转基因：一项社会人类学视角的探索 [J]. 中国社会科学，2004
　(5).

海德伦·梅克勒. 宴饮的历史 [M]. 胡忠利，译. 广州：希望出版社，2007.

亨利·佩卓斯基. 器具的进化 [M]. 丁佩芝，陈月霞，译. 北京：中国社会科
　学出版社，1999.

胡娅丽. 贵州饮食文化旅游资源开发研究 [J]. 河南师范大学学报（哲学社会科学版），2011（3）.

黄国信. 区与界：清代湘粤赣界邻地区食盐专卖研究 [M]. 北京：生活·读书·新知三联书店，2006.

加里·保罗·纳卜汉. 写在基因里的食谱：关于饮食、基因与文化的思考 [M]. 秋凉，译. 上海：上海科学技术出版社，2015.

贾岷江，王鑫. 近三十年国内饮食文化研究评述 [J]. 扬州大学烹饪学报，2009（3）.

杰克·古迪. 烹饪、菜肴与阶级 [M]. 王荣欣，沈南山，译. 杭州：浙江大学出版社，2010.

瞿明安，秦莹. 中国饮食娱乐史 [M]. 上海：上海古籍出版社，2011.

瞿明安. 中国饮食文化的象征符号——饮食象征文化的表层结构研究 [J]. 史学理论研究，1995（4）.

瞿明安. 中国饮食象征文化的多义性 [J]. 民间文化论坛，1996（3）.

瞿明安. 中国饮食象征文化的深层结构 [J]. 史学理论研究，1997（3）.

瞿明安. 中国饮食象征文化的思维方式 [J]. 中华文化论坛，1999（1）.

克利福德·格尔茨. 文化的解释 [M]. 韩莉，译. 南京：译林出版社，2014.

克洛德·列维－斯特劳斯. 神话学：生食与熟食 [M]. 周昌忠，译. 北京：中国人民大学出版社，2007.

李静玮. 人类学视角下的中国食俗研究 [J]. 当代教育理论与实践，2011（1）.

李时珍. 本草纲目 [M]. 北京：华夏出版社，2008.

李亦园. 李亦园自选集 [M]. 上海：上海教育出版社，2002.

理查德·利基. 人类的起源 [M]. 吴汝康，吴新智，林圣龙，译. 上海：上海科学技术出版社，1995.

梁昭. 中国饮食：多元文化的表征——第八届中国饮食文化学术研讨会综述 [J]. 民俗研究，2004（1）.

林更生. 古代从海路引进福建的植物 [J]. 海交史研究，1982（4）.

刘晓燕，景红艳. 周代食馂礼源流考辩 [J]. 理论月刊，2011（2）.

流心. 自我的他性：当代中国的自我谱系 [M]. 常姝，译. 上海：上海人民出版社，2005.

陆文夫. 美食家 [M]. 北京：人民文学出版社，2006.

米歇尔·德·塞托，吕斯·贾尔，皮埃尔·梅约尔. 日常生活实践2：居住与烹饪 [M]. 冷碧莹，译. 南京：南京大学出版社，2014.

罗伊·莫克塞姆. 茶：嗜好、开拓与帝国 [M]. 毕小青，译. 北京：生活·读书·新知三联书店，2010.

马丁·琼斯. 宴飨的故事 [M]. 陈雪香，译. 济南：山东人民出版社，2009.

马林诺夫斯基. 文化论 [M]. 费孝通，等译. 北京：中国民间文艺出版社，1987.

马塞尔·达内西. 香烟、高跟鞋及其他有趣的东西：符号学导论 [M]. 肖慧荣，邹文华，译. 成都：四川教育出版社，2012.

马塞尔·莫斯，昂利·于贝尔. 巫术的一般理论：献祭的性质与功能 [M]. 杨渝东，杨渝东，赵丙祥，译. 桂林：广西师范大学出版社，2007.

马文·哈里斯. 好吃：食物与文化之谜 [M]. 叶舒宪，户晓辉，译. 济南：山东画报出版社，2001.

马歇尔·萨林斯. 石器时代经济学 [M]. 张经纬，郑少雄，张帆，译. 北京：生活·读书·新知三联书店，2009.

马歇尔·萨林斯. 文化与实践理性 [M]. 赵丙祥，译. 上海：上海人民出版社，2002.

玛格丽特·维萨. 一切取决于晚餐 [M]. 刘晓媛，译. 北京：电子工业出版社，2015.

玛格丽特·维萨. 饮食行为学：文明举止的起源、发展与含义「M]. 刘晓媛，译. 北京：电子工业出版社，2015.

玛丽·道格拉斯. 洁净与危险 [M]. 黄剑波，卢忱，柳博赟，译. 北京：民族出版社，2008.

迈克·费瑟斯通. 消费主义与后现代主义 [M]. 刘精明，译. 南京：译林出版社，2000.

迈克尔·波伦. 烹：烹饪如何连接自然与文明 [M]. 胡小锐，彭月明，方慧佳，译. 北京：中信出版集团，2017.

孟悦，罗钢. 物质文化读本 [M]. 北京：北京大学出版社，2008.

莫言. 红高粱家族 [M]. 上海：上海文艺出版社，2012.

莫言. 丰乳肥臀 [M]. 上海：上海文艺出版社，2012.

穆素洁. 中国：糖与社会——农民、技术和世界市场 [M]. 叶篱，译. 广州：广东人民出版社，2009.

尼科拉·弗莱彻. 查理曼大帝的桌布：一部开胃的宴会史 [M]. 李响，译. 北京：生活·读书·新知三联书店，2016.

欧文·戈夫曼. 日常生活中的自我呈现 [M]. 冯钢，译. 北京：北京大学出版社，2008.

彭兆荣. 摆贝——一个西南边地的苗族村寨 [M]. 北京：生活•读书•新知三联书店，2004.

彭兆荣. 寂静与躁动：一个深山里的族群 [M]. 杭州：浙江人民出版社，2000.

彭兆荣. 抗拒生命的时空意识——瑶族文化研究札记 [J]. 瑶学研究，1993（3）.

彭兆荣. 论民族作为历史性的表述单位 [J]. 中国社会科学，2004（2）.

彭兆荣. 文学与仪式：文学人类学的一个文化视野——酒神及其祭祀仪式的发生学原理 [M]. 北京：北京大学出版社，2004.

彭兆荣. 饮食人类学 [M]. 北京：北京大学出版社，2013.

彭兆荣. 中国文化的异质认同：移动作为他者的正义性 [J]. 文化艺术研究，2011（3）.

蒲慕州. 生活与文化 [M]. 北京：中国大百科全书出版社，2005.

邱庞同. 饮食杂俎——中国饮食烹饪研究 [M]. 济南：山东画报出版社，2008.

让•马克•阿尔贝. 权力的餐桌：从古希腊宴会到爱丽舍宫 [M]. 刘可有，刘惠杰，译. 北京：生活•读书•新知三联书店，2012.

任冠文. 广西民族饮食文化与旅游发展 [J]. 旅游论坛. 2010（3）.

山内昶. 食具 [M]. 尹晓磊，高富，译. 上海：上海交通大学出版社，2015.

邵京. 证与症：食品安全中的科学与文化——以美国"中国餐馆综合症"为例 [J]. 广西民族大学学报，2012（1）.

舒瑜. 微"盐"大义：云南诺邓盐业的历史人类学考察 [M]. 北京：世界图书出版公司，2010.

苏斐然，刘祖鑫. 苦荞在彝族饮食文化中的历史沉淀与意义再造 [J]. 民族论坛，2016（2）.

谭少薇. 港式饮茶与香港人的身份认同 [J]. 广西民族学院学报，2001（4）.

汤姆•斯丹迪奇. 六个瓶子里的历史 [M]. 吴平，葛文聪，满海霞，等译. 北京：中信出版社，2006.

汤姆•斯丹迪奇. 舌尖上的历史：食物、世界大事件与人类文明的发展 [M]. 杨雅婷，译. 北京：中信出版社，2014.

陶家俊. 思想认同的焦虑：旅行后殖民理论的对话与超越精神 [M]. 北京：中国社会科学出版社，2008.

杰克·特纳. 香料传奇：一部由诱惑衍生的历史 [M]. 周子平，译. 北京：生活·读书·新知三联书店，2007.

万建中. 中国饮食文化 [M]. 北京：中央编译出版社，2011.

万建中. 中西饮食文化之比较 [J]. 中华文化论坛，1995（3）.

万建中. 中西饮食习俗差异论 [J]. 民俗研究，1995（2）.

汪曾祺. 肉食者不鄙 [M]. 北京：中信出版社，2018.

汪曾祺. 汪曾祺全集 [M]. 北京：北京师范大学出版社，1998.

王铭铭. 逝去的繁荣：一座老城的历史人类学考察 [M]. 杭州：浙江人民出版社，1999.

王仁湘. 饮食与中国文化 [M]. 青岛：青岛出版社，2012.

王赛时. 中国酒史 [M]. 济南：山东大学出版社，2010.

王淑华. 科技、媒介、符号：现代城市的食物烹饪文化实践解读 [J]. 浙江传媒学院学报，2015（2）.

王晓文. 试论饮食文化资源的旅游开发——以福州为例 [J]. 福建师范大学学报：哲学社会科学版，2001（3）.

王学泰. 华夏饮食文化 [M]. 北京：中华书局，1997.

王学泰. 中国饮食文化史 [M]. 桂林：广西师范大学出版社，2006.

吴燕和. 港式茶餐厅　从全球化的香港饮食文化谈起 [J]. 广西民族学院学报（哲学社会科学版），2011（4）.

西敏司. 甜与权力——糖在近代历史上的地位 [M]. 王超，朱健刚，译. 北京：商务印书馆，2010.

西敏司. 饮食人类学：漫话餐桌上的权力与影响力 [M]. 林为正，译. 北京：电子工业出版社，2015.

冼剑民，周智武. 中国饮食文化史·东南地区卷 [M]. 北京：中国轻工业出版社，2013.

肖坤冰. 帝国、晋商与茶叶——十九世纪中叶前武夷茶叶在俄罗斯的传播过程 [J]. 福建师范大学学报（哲学社会科学版），2009（2）.

徐日辉. 中国饮食文化史·西北地区卷 [M]. 北京：中国轻工业出版社，2013.

徐新建，王明珂，王秋桂，等. 饮食文化与族群边界——关于饮食人类学的对话 [J]. 广西民族学院学报（哲学社会科学版），2005（6）.

阎云翔. 私人生活的变革：一个中国村庄里的爱情、家庭与亲密关系 [M]. 龚小夏，译. 上海：上海书店出版社，2009.

杨慧. 旅游. 少数民族与多元文化 [M]. 昆明：云南大学出版社，2011.

杨慧，陈志明，张展鸿. 旅游、人类学与中国社会 [M]. 昆明：云南大学出版社，2001.

杨美惠. 礼物、关系学与国家：中国人际关系与主体性建构 [M]. 赵旭东，孙珉，张跃宏，译. 南京：江苏人民出版社，2009.

姚伟钧，刘朴兵，鞠明库. 中国饮食典籍史 [M]. 上海：上海古籍出版社，2011.

叶舒宪. 阉割与狂狷 [M]. 上海：上海文艺出版社，1999.

叶舒宪. 饮食人类学：求解人与文化之谜的新途径 [J]. 广西民族学院学报（哲学社会科学版），2001（2）.

伊永文. 1368—1840 中国饮食生活：成熟佳肴的文明 [M]. 北京：清华大学出版社，2014.

伊永文. 1368—1840 中国饮食生活：日常生活的饮食 [M]. 北京：清华大学出版社，2014.

尤金·N. 安德森. 中国食物 [M]. 马孆，刘东，译. 南京：江苏人民出版社，2003.

余华. 活着 [M]. 北京：作家出版社，2012.

余华. 许三观卖血记 [M]. 北京：作家出版社，2012.

余华. 在细雨中呼喊 [M]. 北京：作家出版社，2012.

余世谦. 中国饮食文化的民族传统 [J]. 复旦学报（社会科学版），2002（5）.

俞为洁. 中国食料史 [M]. 上海：上海古籍出版社，2011.

袁枚. 随园食单 [M]. 北京：中华书局，2010.

约翰·博德利. 人类学与当今人类问题 [M]. 周云水，史济纯，何小荣，译. 北京：北京大学出版社，2010.

约翰·罗宾斯. 食物革命 [M]. 李尼，译. 哈尔滨：北方文艺出版社，2011.

约翰·罗宾斯. 新世纪饮食：危险年代的求生饮食 [M]. 张国蓉，涂世玲，译. 珠海：珠海出版社，2011.

詹姆斯·华生. 金拱向东：麦当劳在东亚 [M]. 祝鹏程，译. 杭州：浙江大学出版社，2015.

张敦福. 哈佛大学的中国人类学研究——一份旁听报告 [J]. 民俗研究，2009（4）.

张敦福. 西式快餐在中国：近期发展及其社会文化探讨 [J]. 人类学与民俗学研究，1998（47）.

张光直. 番薯人的故事：张光直早年生活自述 [M]. 北京：生活·读书·新知三联书店，1999.

张光直. 考古学专题六讲 [M]. 北京：生活·读书·新知三联书店，2013.

张景明，王雁卿. 中国饮食器具发展史 [M]. 上海：上海古籍出版社，2011.

张明娟. 饮食文化中的罪感与乐感：中西食物象征比较 [J]. 江西社会科学，2012 (5).

张珣. 文化建构性别、身份与食物：以当归为例 [J]. 考古人类学（台湾），2007 (67).

张亚红. 中西方饮食文化差异以及餐桌礼仪的对比 [J]. 边疆经济与文化，2009 (4).

张昱辰. 制造明星私厨：美食怀旧与上海想象——"汪姐私房菜"媒介现象分析 [J]. 文化研究，2014 (3).

张展鸿. 客家菜馆与社会变迁 [J]. 广西民族学院学报（哲学社会科学版），2011 (4).

章辉. "食物"作为艺术的定位：当代西方美学界对味觉、嗅觉问题的论争 [J]. 南国学术，2017 (1).

招子明，陈刚. 人类学 [M]. 北京：中国人民大学出版社，2008.

赵霖. 我们的孩子该怎么吃：食亦善人 食亦杀人 [M]. 沈阳：辽宁人民出版社，2009.

赵荣光，吕丽辉. 中国饮食文化史·东北地区卷 [M]. 北京：中国轻工业出版社，2013.

赵荣光. 满汉全席源流考述 [M]. 北京：昆仑出版社，2003.

赵荣光. 中国古代庶民饮食生活 [M]. 北京：商务印书馆国际有限公司，1997.

赵毅衡. 符号学：原理与推演 [M]. 南京：南京大学出版社，2016.

赵毅衡. 哲学符号学：意义世界的形成 [M]. 成都：四川大学出版社，2017.

郑麒来. 中国古代的食人：人吃人行为透视 [M]. 北京：中国社会科学出版社，1994.

周海鸥. 食文化 [M]. 北京：中国经济出版社，2011.

周星. 民俗学的历史、理论与方法 [M]，北京：商务印书馆，2006.

庄孔韶. 北京"新疆街"食品文化的时空过程 [J]. 社会学研究，2000 (6).

CAPLAN P. Approaches to the Study of Food, Health and Identity [M]. London：Routledge，1997.

COUNIHAN C M. The Anthropology of Food and Body：Gender，Meaning， and Power [M]. London: Routledge, 1999.

COUNIHAN C, ESTERIK P. Food and Culture: A Reader [M]. London: Routledge, 1977.

FARQUHAR J. Food, Eating, and the Good Life [C] //Tilley C, Keane W, Kuchler S, etc., eds., Handbook of Material Culture. London: Sage Publication, 2006.

GOODY J. Cooking, Cuisine and Class: A Study in Comparative Sociology [M]. Cambridge: Cambridge University Press, 1982.

GOODY J. Food and Love: A Cultural History of East and West [M]. London: Verso, 1998.

HOBHOUSE H. Seeds of Change: Five Plants that Transformed Mankind [M]. New York: Harper & Row, 1986.

MANNING P. Semiotics of Drink and Drinking [M]. New York: Continuum International Publishing Group, 2012.

MCKENNA T. Food of the Gods: The Search for the Original Tree of Knowledge — A Radical History of Plants, Drugs and Human Evolution [M]. London: Rider, 1992.

ORTNER S B. Is Female to Male as Nature Is to Culture [M] //ROSALDO M Z, LAMPHERE L. Woman, Culture and Society. Stanford, California: Stanford University Press, 1974.

PHILIPS L. Food and Globalization [J]. Annual Review of Anthropology, 2006 (35).

RICHARDS I A. Land, Labour, and Diet in Northern Rhodesian: An Economic Study of the Bemba Tribe [M]. London: Routledge, 1939.

REDFIELD R. Peasant Society and Culture [M]. Chicago: University of Chicago Press, 1956.

SAHLINS M. Stone Age Economics [M]. New York: Aldine de Gruyter, 1972.

SUTTON D E. Food and the Senses [J]. Annual Review of Anthropology, 2010 (39).

SUTTON D E. Remembrance of Repasts: An Anthropology of Food and Memory [M]. New York: Berg, 2001.

WILLIAMS R. Keywords: A Vocabulary of Culture and Society [M]. New York: Oxford University Press, 1983.

# 后　记

　　面对餐桌上的食物，是每个人生活中的日常行为之一。我们咀嚼、吞咽、消化，如同例行的公事一般，却很少停下来思考这一餐饭食是否有着超出日常的意义。《饮食的文化符号学》这一题目，是笔者于 2016 年四川大学符号学－传媒学研究所的集体迎新宴上，在吃喝间偶然想到的。经过三年的研究生时光，如今此书收尾，希望自己的一点拙见能够发挥抛砖引玉的作用，让更多人在生活中不仅享受饮食、重视饮食，也愿意试着投入其中做一点思考。

　　现代社会越来越关注饮食，至少表面上如此。大众传媒乐于不断地宣传美食、鼓励享乐、刺激消费，追求饮食上的饱腹和愉悦。毕竟在日常生活中，谁会在吃饭时特别地想一下这道菜的来历和它原本的生命形态？谁又会在吃饭时专门地思考生存、死亡和自我定位这些问题？然而在某个时刻，我们依然需要提醒自己，这项基础的生理活动在我们的意义世界里究竟扮演着怎样的角色，不断精细化的烹调和饮食又意味着什么？

　　饮食是生活的一部分，而且是最不可或缺的那部分，我们吃下的每一口食物，都代表了我们和这个世界、和其他生物最深刻的关系，因为它与生命和死亡直接相关。为了满足自身生存和发展的需要，人类创造了整个自然生态中独一无二的饮食体系和烹调技艺，这让人类的饮食除了生物共性之外，拥有了独特的文化意义。就像这个社会中的大多数行为都可以被解读为"混一口饭吃"那样，食物成为指向人生追求的符号，无论是工作、财富、爱情、自由，还是权力或其他欲望，都能在饮食语境中获得生动呈现。

　　一张饭桌的宽度有时候就是一种文化的尺度。吃饭能够给人带来独特的幸福感，当口中塞满食物时，我们会获得极大的满足，这不仅是由于人的舌头、上颚和咽喉处都分布着接受味觉刺激的味蕾，还与饮食所蕴含着的文化意义息息相关。人们常说，记忆能够让食物的味道变得更好。其实并不尽然，个体的经验、用餐的时刻、文化的语境，都深刻参与了饮食体验和意义的最终呈现。在满足味蕾和肠胃的需求以前，人的饮食首先要将"营养"给予心灵。正如地域饮食长久传承的惯习构筑起整个族群的食物记忆一样，一餐饭食可能也是一份想念、一份人情、一种身份。

写这本书的过程相对漫长，如今收尾也深感不舍。特别感谢赵毅衡教授一直以来的帮助，从最初的选题酝酿，到执笔写作、修改调整，赵老师严谨而深厚的学术素养和细致耐心的指导，帮助我渡过了写作过程中的一个又一个难关。感谢陆正兰、唐小林、饶广祥、赵星植、彭佳、董明来诸位老师和研究所的其他同仁，他们对符号学各有专攻、见解深刻，与他们在平时的交流沟通，以及他们给予的建议，都使我受益良多。还有我的同门杨利亭，她是我学习中的伙伴、生活中的好友，谢谢她的鼓励和信任。

最后谢谢我的父母，你们的支持是我做任何事情的动力。

值得一提的是，在这本书尚处于酝酿阶段时，我也开始试着学习基础的烹饪技能，如今书已成，惭愧的是，我做饭的技能依然远远落后于吃的能力。能吃当然是一种幸福，写吃也是，烹调也是。如此作结，也算是对自己日后饮食和烹调能力的鞭策。毕竟，从遥远的过去、从祖先们的第一份熟食开始，火和烹调便日复一日地将自然转换为文化。我们的饮食，造就了我们。

石访访

2019 年 7 月 4 日 凌晨